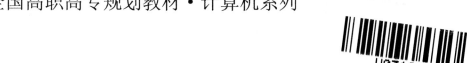

全国高职高专规划教材·计算机系列

计算机硬件技术

主　编　彭　莉

副主编　赵宇枫　严海颖　钱鉴青

北京大学出版社
PEKING UNIVERSITY PRESS

内 容 简 介

本书以职业技能岗位标准引领课程教材的工作任务，采用"任务驱动"教学方法，以 AT89C51 单片机为对象，介绍工程项目开发的方法及单片机的应用，内容包括初识单片机、AT89C51 单片机寻址方式及指令系统、AT89C51 中断与定时系统、并行输入与输出等。

本书适合高职高专院校计算机及其相关专业学生使用，也可作为相关培训教材。

图书在版编目(CIP)数据

计算机硬件技术/彭莉主编.—北京：北京大学出版社，2013.8
(全国高职高专规划教材·计算机系列)
ISBN 978-7-301-23021-3

Ⅰ. ①计…　Ⅱ. ①彭…　Ⅲ. ①硬件－高等职业教育－教材　Ⅳ. ①TP303

中国版本图书馆 CIP 数据核字(2013)第 186908 号

书　　　　　名：计算机硬件技术		

著作责任者：彭　莉　主编

责 任 编 辑：桂　春

标 准 书 号：ISBN 978-7-301-23021-3/TP · 1303

出 版 发 行：北京大学出版社

地　　　　址：北京市海淀区成府路 205 号　100871

网　　　　址：http://www.pup.cn　新浪官方微博：@北京大学出版社

电 子 信 箱：zyjy@pup.cn

电　　　　话：邮购部 62752015　发行部 62750672　编辑部 62765126　出版部 62754962

印　刷　者：北京飞达印刷有限责任公司

经　销　者：新华书店

787 毫米×1092 毫米　16 开本　11.75 印张　300 千字

2013 年 8 月第 1 版　2013 年 8 月第 1 次印刷

定　　　　价：26.00 元

前　言

　　计算机硬件技术是嵌入式系统中重要且发展迅速的组成部分。计算机硬件技术大量应用于工业控制、交通运输、家用电器、仪器仪表、汽车等领域。掌握并熟练应用该技术已成为相关科技人员的必备技能之一。

　　计算机硬件技术课程理论性、实践性和综合性很强，不仅需要大量的相关硬件电路知识如模拟电子技术、数字电子技术等作为知识背景，还需要软件编程加以支持。本书在编写过程中，始终将理论、实践有机结合，以职业技能岗位标准引领课程的工作任务，采用"任务驱动"编写方法，从单片机最小应用系统开始，逐步扩展功能，从小到大，从简单到复杂，使学生逐步完成计算机硬件技术的学习。

　　本书以 AT89C51 单片机为对象，重点介绍单片机的应用。内容包括初识单片机、AT89C51 系列单片机寻址方式及指令系统、AT89C51 中断与定时系统、并行输入与输出等。

　　本书主要特点如下：

　　1. 构建模块化、组合型、进阶式能力训练体系。将综合能力分解成若干基本能力，选择能涵盖基本能力要素的训练任务实施基本能力训练。通过模块项目训练，建立对单片机最小系统的整体概念，从而使读者基本掌握单片机应用系统，提高单片机综合应用能力和创新能力。

　　2. 采用教学做一体化、现场化教学，让学生"在学中做，在做中学，做学结合"，在实践过程中掌握单片机的技能和知识点。

　　3. 可以不用硬件开发板完成学习。任务全部可以由 keil 软件调试器、Proteus 设计与仿真软件来实现，可以在提高学生学习兴趣的同时，极大地降低学习成本。

　　本书由彭莉（重庆工业职业技术学院）任主编，负责全书写作大纲的拟定和编写的组织工作，并对全书进行了统稿。具体编写分工如下：任务一、任务八由陶洪建（重庆工业职业技术学院）编写；任务二、任务十由彭莉编写；任务三由刘娜（重庆工业职业技术学院）编写；任务四由钱鉴青（安徽国际商务职业学院）编写；任务五由郑燕（重庆工业职业技术学院）编写；任务六由汤敏（重庆工业职业技术学院）编写；任务七由严海颖（重庆工业职业技术学院）编写；任务九由赵宇枫（重庆工业职业技术学院）编写。

　　在本书编写的过程中，得到了重庆工业职业技术学院计算机系的大力支持，同时，许多同仁也给本书提出了宝贵的意见，在此表示衷心的感谢。

　　由于编者水平有限，书中错误之处在所难免，欢迎广大读者批评指正。

编　者

2013 年 8 月

目　　录

第一篇　初识单片机

第二篇　AT89C51 单片机指令系统及程序设计方法

第三篇　AT89C51 中断系统

第一篇 初识单片机

学习目标：

- 掌握单片机的概念及特点。
- 了解(单片机)冯·诺依曼结构和哈佛结构的差异。
- 了解 AT89C51 单片机结构，掌握内部数据存储器的空间分配和 SFR。
- 掌握 AT89C51 单片机的外部引脚功能及单片机最小应用系统。

技能要求：

- 利用 AT89C51 单片机制作简单的实用电路。

任务一 让信号灯亮起来

任务要求

组装一个单片机的最小系统，用以控制一只发光二极管(LED)闪烁。

相关知识

一、微型计算机

1946 年 2 月 15 日，第一台电子数字计算机 ENIAC("埃尼阿克")问世，这标志着计算机时代的到来。

- ENIAC 是电子管计算机，时钟频率仅有 100 kHz，但能在 1s 的时间内完成 5000 次加法运算；
- 与现代的计算机相比，ENIAC 有许多不足，但它的问世开创了计算机科学技术的新纪元，对人类的生产和生活方式产生了巨大的影响。

匈牙利籍数学家冯·诺依曼在方案的设计上做出了重要的贡献。1946 年 6 月，他提出了"程序存储"和"二进制运算"的思想，进一步构建了计算机由运算器、控制器、存储器、输入设备和输出设备组成这一计算机的经典结构，这是最常见的结构，也称冯·诺依曼结构。如图 1.1 所示。它的特点是程序存储器和数据存储器为一个整体，即系统只有一个存储空间，程序存储器和数据存储器处于同一个存储器地址空间中，可随意安排程序或数据在此空间的某一区域中。程序存储器和数据存储器的访问采用相同的操作指令。

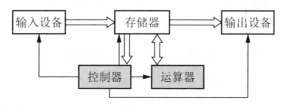

图 1.1 冯·诺依曼型的计算机组成框图

电子计算机技术的发展，相继经历了五个时代：
- 电子管计算机；
- 晶体管计算机；
- 集成电路计算机；
- 大规模集成电路计算机；
- 超大规模集成电路计算机。

计算机的结构仍然没有突破冯·诺依曼提出的计算机的经典结构框架。

二、微型计算机的应用形态

从应用形态上，微型计算机可以分成以下 3 种。

(1) 多板机(系统机)

将 CPU、存储器、I/O 接口电路和总线接口等组装在一块主机板(即微机主板)。各种适配板卡插在主机板的扩展槽上并与电源、软/硬盘驱动器及光驱等装在同一机箱内，再配上系统软件，就构成了一台完整的微型计算机系统(简称系统机)。

工业 PC 也属于多板机。

(2) 单板机

将 CPU 芯片、存储器芯片、I/O 接口芯片和简单的 I/O 设备(小键盘、LED 显示器)等装配在一块印制电路板上，再配上监控程序(固化在 ROM 中)，就构成了一台单板微型计算机(简称单板机)。

单板机的 I/O 设备简单，软件资源少，使用不方便，早期主要用于微型计算机原理的教学及简单的测控系统，现在已很少使用。

(3) 单片机

在一片集成电路芯片上集成微处理器、存储器、I/O 接口电路，从而可构成单芯片微型计算机，即单片机。

这 3 种微型计算机的应用形态如图 1.2 所示。

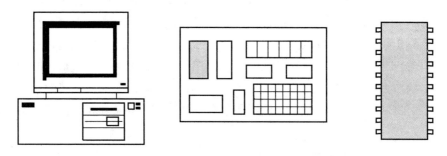

图 1.2　多板机、单板机、单片机的应用形态

系统机(桌面应用)属于通用计算机，主要应用于数据处理、办公自动化及辅助设计。

单片机(嵌入式应用)属于专用计算机，主要应用于智能仪表、智能传感器、智能家电、智能办公设备、汽车及军事电子设备等应用系统。

单片机体积小、价格低、可靠性高，其非凡的嵌入式应用形态对于满足嵌入式应用需求具有独特的优势。

三、单片机

单片机已不局限于在高端产品中应用，随着单片机性价比的不断提高，其应用范围不断扩大。单片机可参考的资料、案例日益丰富，开发平台也日臻完善。因此，单片机技术将会更广泛地应用于新产品的开发及老产品的改造。

(一) 单片机的概念与特点

单片机。它是微型计算机发展中的一个重要分支,以其独特的结构和性能,越来越广泛地应用到工业、农业、国防、网络、通信及人们日常工作、生活领域中。

1. 单片机的概念

单片机(single chip computer)又称单片微控制器(microcontroller),它不是完成某一个逻辑功能的芯片,而是把一个计算机系统集成到一个芯片上。概括地讲,一块芯片就构成了一台计算机。

单片机主要由CPU、存储器(数据存储器RAM、程序存储器ROM)、输入/输出接口、定时器/计数器等部分组成。

它的体积小、质量轻、价格便宜,为学习、应用和开发提供了便利条件。同时,学习使用单片机是了解计算机原理与结构的最佳选择。将单片机装入各种智能化产品中,便成为嵌入式微控制器(embedded microcontroller)。

2. 单片机的特点

一块单片机就是一台计算机。由于单片机的特殊结构,它具有如下特点。

(1) 体积小、质量轻。

(2) 电源单一、功耗低(突出特点)。许多单片机可在 2.2V 的电压下工作,有的能在 1.2V 或 0.9V 的电压下工作,功耗降为 μA 级。

(3) ROM 和 RAM 分开,ROM 用来存放调试好的程序、常数、数据表格等;RAM 用来存放运行中的数据、变量等。

(4) 功能强、价格低,有优异的性价比。

(5) 数据大部分在单片机内传递,运行速度快,抗干扰能力强,可靠性高。

(6) 全部集成在芯片上,布线短、合理,集成度高。

(7) 易于扩展。

(二) 单片机的体系结构

单片机通常采用哈佛结构,如图 1.3 所示。

哈佛结构的特点是程序存储器和数据存储器截然分开,分为两个不同的地址空间,并配备独立的寻址机构、寻址方式与操作指令。数据与程序分别存于两个存储器中,是哈佛结构的重要特点。由图 1.3 可见系统有两条总线,即数据总线和指令总线,并且它们是完全分开的。哈佛结构的优点是:指令和数据空间是完全分开的,一个用于取指令,另一个用于存取数据。所以哈佛结构与常见的冯·诺依曼结构不同的第一

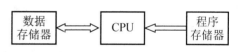

图 1.3 哈佛结构的示意图

点是：程序总线和数据总线可以采用不同的宽度。数据总线都是 8 位的，但低档、中档和高档系列的指令总线位数分别为 12、14 和 16 位。第二点是：由于可以对程序和数据同时进行访问，CPU 的取指和执行采用指令流水线结构，如图 1.4 所示，当一条指令被执行时允许下一条指令同时被取出，使得在每个时钟周期可以获得最高效率。

图 1.4　指令流水线结构示意图

在指令流水线结构中，取指和执行在时间上是相互重叠的，才可能实现单周期指令。只有涉及改变程序计数器(program counter，PC)值的分支程序指令时，才需要两个周期。

在后面的学习中，重点介绍的 AT89C51 单片机采用的就是哈佛结构。

(三) 单片机的应用

单片机是在一块芯片上集成了一台微型计算机所需的 CPU、存储器、输入/输出部件和时钟电路等。因此它具有体积小，使用灵活、成本低、易于产品化、抗干扰能力强，可在各种恶劣环境下可靠地工作等特点。特别是它应用面广，控制能力强，使它在工业控制、智能仪表、外设控制、家用电器、机器人、军事装置等方面得到了广泛的应用。

1. 家用电器

单片机已广泛应用于家用电器的自动控制中，如洗衣机、空调机、电冰箱、彩色电视机、录像机、VCD、音响设备、手机等。单片机的使用提高了家用电器的性能和质量，降低了家用电器的生产成本和销售价格。

2. 智能卡

尽管目前使用的各种卡主要是磁卡和 IC 卡，但是，带有 CPU 和存储器的智能卡已经并将日益广泛用于金融卡、通信、信息、医疗保健、社会保险、教育、旅游、娱乐和交通等各个领域。

3. 智能仪器仪表

单片机体积小，耗电少，被广泛用于各类仪器仪表，如智能电度表，智能流量计、气体分析仪、智能电压电流测试仪和智能医疗仪器等。单片机使仪器仪表走向了智能化和微型化，使仪器仪表的功能和可靠性大大提高。

4. 网络与通信

许多型号的单片机都有通信接口,可方便地进行机间通信,也可方便地组成网络系统,如单片机控制的无线遥控系统、列车无线通信系统和串行自动呼叫应答系统等。

5. 工业控制

单片机可以构成各种工业测控系统和数据采集系统,如数控机床、汽车安全技术检测系统、报警系统和生产过程自动控制等。

(四) 单片机的发展

单片机自问世以来,性能不断提高和完善,其资源不仅能满足很多应用场合的需要,而且具有集成度高、功能强、速度快、体积小、功耗低、使用方便、性能可靠、价格低廉等特点,因此,在工业控制、智能仪器仪表、数据采集和处理、通信系统、网络系统、汽车工业、国防工业、高级计算器具、家用电器等领域的应用日益广泛,并且正在逐步取代现有的多片微机应用系统,单片机的潜力越来越被人们所重视。特别是当前用CMOS 工艺制成的各种单片机,由于功耗低、使用的温度范围大、抗干扰能力强、能满足一些特殊要求的应用场合,更加扩大了单片机的应用范围,也进一步促进了单片机技术的发展。

单片机的发展主要经历了 3 个阶段(以 Intel 公司为例)。

(1) 第 1 阶段(1971—1978 年):初级单片机阶段,以 MCS-48 系列为代表。有 4 位、8位 CPU,并行 I/O 口,8 位定时器/计数器,无串行口,中断处理比较简单,RAM、ROM容量较小,寻址范围不超过 4KB。

(2) 第 2 阶段(1978—1983 年):单片机普及阶段,以 MCS-51 系列为代表。8 位 CPU,片内 RAM、ROM 容量加大,片外寻址范围可达 64KB,增加了串行口,多级中断处理系统,16 位定时器/计数器。

(3) 第 3 阶段(1983 年以后):16 位单片机阶段,以 MCS-96 系列为代表。16 位 CPU,片内 RAM、ROM 容量进一步增大,增加了 AD/DA 转换器,8 级中断处理功能,实时处理能力更强,允许用户采用面向工业控制的专用语言,如 C 语言等。

总之,单片机发展可归结为以下几个方面。

- 增加字长,提高数据精度和处理的速度;
- 改进制作工艺,提高单片机的整体性能;
- 由复杂指令集(CISC)技术转向精简指令集(RISC)技术;
- 多功能模块集成技术,使一块"嵌入式"芯片具有多种功能;
- 微处理器与 DSP 技术相结合;
- 融入高级语言的编译程序;
- 低电压、宽电压、低功耗。

目前,国际市场上 8 位、16 位单片机系列已有很多,32 位、64 位的单片机也已经进入了实用阶段。随着单片机的技术的不断发展，新型单片机还将不断涌现，单片机技术正以惊人的速度向前发展。

四、AT89C51 单片机结构

MCS-51 系列单片机产品有 8051、8031、8751、80C51、80C31 等型号(前 3 种为 CMOS 芯片，后两种为 CHMOS 芯片)。它们的结构基本相同，其主要差别反映在存储器的配置上。8051 内部设有 4KB 的掩模 ROM 程序存储器，8031 片内没有程序存储器，而 8751 是将 8051 片内的 ROM 换成 EPROM。由 ATMEL 公司生产的 89C51 将 EPROM 改成了 4KB 的闪速存储器(flash memory，简称闪存)，它们的结构大同小异。

AT89C51 是一个低功率、高性能的 8 位微控制器，并且在系统中集成了 4KB 的可编程闪存。AT89C51 兼容标准 80C51 指令集和引脚。AT89C51 是一个功能强大的微控制器，具有较高的性价比，可在许多嵌入式控制中应用。

(一) AT89 系列单片机

AT89 系列单片机是 ATMEL 公司将先进的闪存技术和 Intel 80C51 单片机的内核相结合的产物，是与 51 系列机兼容的闪存单片机系列。它既有 51 系列机原有的功能，又有一些独特的优点，是目前应用广泛的主流机型之一。AT89 系列有 AT89C 系列和 AT89S 系列。

(二) AT89C51 单片机的结构和引脚功能

1. 内部结构

AT89C51 单片机是 AT89 系列机的标准型单片机，是低功耗、高性能的 8 位单片机。

AT89C51 单片机是在一块芯片中集成了 CPU、4KB 的闪存、128B 内存、32 个输入/输出线、2 个定时器/计数器、5 个中断源、1 个全双工串行口、片内振荡器和时钟电路，最高晶振频率为 24MHz。此外，AT89C51 设计与静态逻辑操作下降到零频率，并支持两种软件可选的省电模式：闲置模式和断电模式。AT89C51 单片机内包含下列几个部件：

- 1 个以 ALU 为中心的 8 位 CPU；
- 1 个片内振荡器及时钟电路；
- 4KB 可重复擦写的用于存放程序、原始数据或表格(内部 ROM)的闪存；
- 128B 的内部数据存取存储器(内部 RAM)，地址为 00H～FFH；
- 程序计数器(PC)是一个独立的专用寄存器；
- 21 个特殊功能寄存器；
- 2 个 16 位的定时器/计数器；
- 32 条可编程的 I/O 线(四个 8 位并行 I/O 端口)；
- 1 个可编程全双工串行口；
- 具有 5 个中断源(2 个外中断，2 个定时/计数中断，1 个串行中断)、两个优先级中断控制系统。

AT89C51 基本结构如图 1.5 所示。

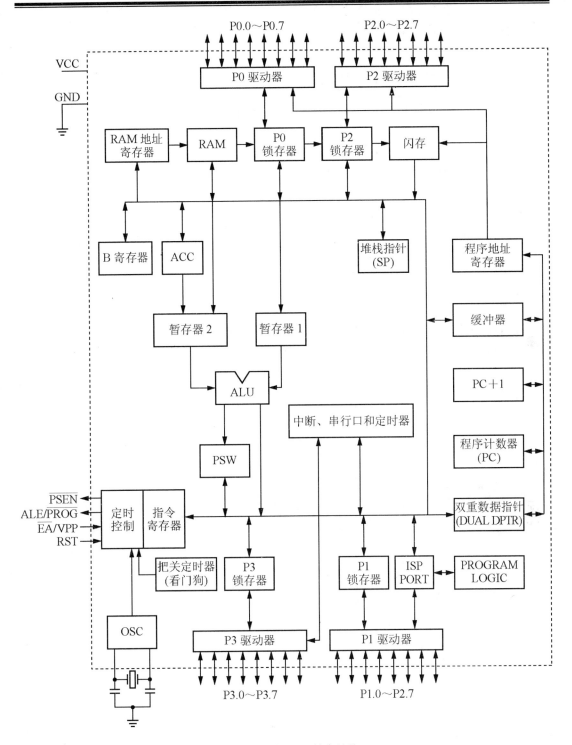

图 1.5 AT89C51 基本结构

把图 1.5 简化为如图 1.6 所示的结构框图。

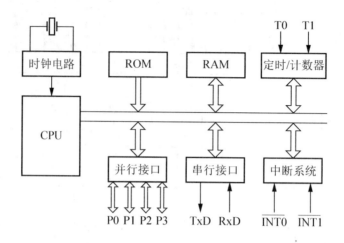

图 1.6　AT89C51 结构框图

2. 引脚功能

AT89C51 是标准的 40 引脚双列直插式集成电路芯片，引脚排列如图 1.7 所示。40 个引脚大致可分为 4 类：电源、时钟、控制和 I/O 引脚。

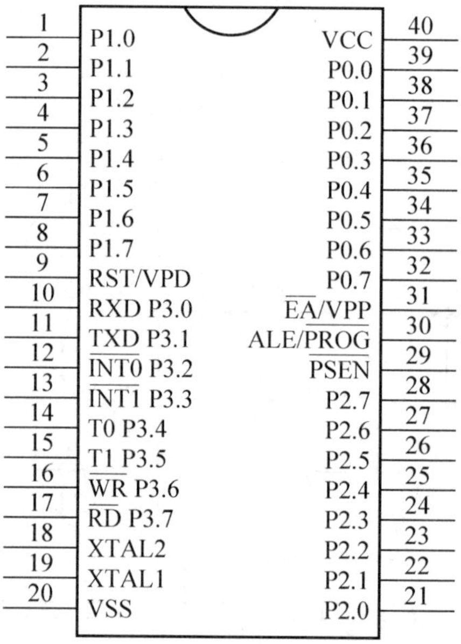

1	P1.0	VCC	40
2	P1.1	P0.0	39
3	P1.2	P0.1	38
4	P1.3	P0.2	37
5	P1.4	P0.3	36
6	P1.5	P0.4	35
7	P1.6	P0.5	34
8	P1.7	P0.6	33
9	RST/VPD	P0.7	32
10	RXD P3.0	$\overline{EA}$/VPP	31
11	TXD P3.1	ALE/$\overline{PROG}$	30
12	INT0 P3.2	$\overline{PSEN}$	29
13	INT1 P3.3	P2.7	28
14	T0 P3.4	P2.6	27
15	T1 P3.5	P2.5	26
16	WR P3.6	P2.4	25
17	RD P3.7	P2.3	24
18	XTAL2	P2.2	23
19	XTAL1	P2.1	22
20	VSS	P2.0	21

图 1.7　AT89C51 引脚图

(1) 电源引脚

VCC：+5V 电源。

VSS：接地。

(2) 时钟引脚

XTAL1：内部振荡电路反相放大器的输入端，是外接晶体的一个引脚。当采用外部振荡器时，此引脚接地。

XTAL2：内部振荡电路反相放大器的输出端，是外接晶体的另一端。当采用外部振荡器时，此引脚接外部振荡源。

(3) 控制线

- (ALE/$\overline{PROG}$)：地址锁存允许/编程脉冲。在系统扩展时，ALE 用于控制把 P0 口输出的低 8 位地址锁存器锁存地址线，用以实现低位地址和数据的隔离。此外由于 ALE 是以晶振 1/6 的固定频率输出的正脉冲，因此可作为外部时钟或外部定时脉冲使用。在编程期间此引脚用于输入编程脉冲 $\overline{PROG}$。

- ($\overline{EA}$/VPP)：访问程序存储控制信号。当 $\overline{EA}$ 信号为低电平时，对 ROM 的读操作限定在外部程序存储器；而当 $\overline{EA}$ 信号为高电平时，则对 ROM 的读操作是从内部程序存储器开始，并可延至外部程序存储器。在编程期间此引脚用于施加编程电压(25V)。

- $\overline{PSEN}$：外部程序存储器读选通信号。在读外部 ROM 时 $\overline{PSEN}$ 有效(低电平)，以实现外部 ROM 单元的读操作。

- RST：复位信号。当输入的复位信号延续两个机器周期以上高电平即为有效，用以完成单片机的复位初始化操作。

(4) I/O 引脚

- P0.0～P0.7：P0 口 8 位双向口线。

- 当用做通用 I/O 口时，每个引脚可驱动 8 个 TTL 负载；当用做输入时，每个端口首先置 1。

- 在访问外部存储器时，它是分时传送的低字节地址总线和数据总线，此时，P0 口内含上拉电阻。

- P1.0～P1.7：P1 口 8 位双向口线。

- 当用做通用 I/O 口时，每个引脚可驱动 8 个 TTL 负载。当用做输入时，每个端口首先置 1。

- P1.1 和 P1.2 引脚也可用做定时器 2 的外部计数输入(P1.0/T2)和触发器输入(P1.1/T2EX)。

- P2.0～P2.7：P2 口 8 位双向口线。

- 在访问外部存储器时，它输出高 8 位地址。P2 口可以驱动 4 个 TTL 负载。当用做输入时，每个端口首先置 1。

- P3.0～P3.7：P3 口 8 位双向口线。

一个带有内部提升电阻的 8 位准双向 I/O 口。能驱动 4 个 TTL 负载。当用做输入时，每个端口首先置 1。

P3 口还用于第二功能，如表 1.1 所示。

表 1.1　P3 口的第二功能

引　　脚	第二功能	说　　明
P3.0	RXD	串行口输入端

引　　脚	第二功能	说　　明
P3.1	TXD	串行口输出端
P3.2	INT0	外部中断 0 请求输入端
P3.3	INT1	外部中断 1 请求输出端
P3.4	T0	定时器 0 计数脉冲输入端
P3.5	T1	定数器 1 计数脉冲输入端
P3.6	WR	外部 RAM 写选通输出端
P3.7	RD	外部 RAM 读选通输出端

(三) CPU

CPU 是单片机的核心部件，由运算器和控制器等部件组成。

1. 运算器

运算器的功能是进行算术运算和逻辑运算，可以对 4 位(半字节)、8 位(一字节)和 16 位(双字节)数据进行操作。例如，能完成加、减、乘、除、加 1、减 1、BCD 码十进制调整、比较等算术运算和与、或、异或、求补、循环等逻辑操作，操作结果的状态信息送至状态寄存器(PSW)。

运算器还包含有一个布尔处理器，用来处理位操作。可以执行置位、复位、取反、等于 1 转移、等于 0 转移、等于 1 转移且清 0 以及进位标志位与其他可寻址的位之间进行数据传送等位操作；也能使进位标志位与其他可位寻址的位之间进行逻辑与、或操作。

2. 控制器

控制器是 CPU 的大脑中枢，是计算机的指挥控制部件。它由程序计数器(PC)、指令寄存器(IR)、指令译码器(ID)、数据指针(DPTR)、堆栈指针(SP)以及定时与控制电路等部件组成。对来自存储器中的指令进行译码，通过定时控制电路在规定的时刻发出各种操作所需的控制信号，使各部分协调工作，完成指令所规定的功能。

(1) 程序计数器

程序计数器是 16 位专用寄存器，寻址范围为 64KB，用于存放 CPU 执行的下一条指令的地址，具有自动加 1 的功能。当一条指令按照 PC 所指的地址从程序存储器中取出后，PC 会自动加 1，指向下一条指令。

(2) 指令寄存器和指令译码器

指令寄存器是 8 位寄存器，用于暂存待执行的指令，等待译码；指令译码器对指令寄存器中的指令进行译码，即将指令转变为所需的电平信号。

根据译码器输出的电平信号，再经定时控制电路定时产生执行该指令所需要的各种控制信号。

(四) 时钟电路与复位电路

时钟电路用于产生单片机工作所需要的时钟信号，而时序所研究的是指令执行中各地信号之间的相互关系。单片机本身就如一个复杂的同步时序电路，为了保证同步工作方式的实现，电路应在唯一的时钟信号控制下严格地按时序进行工作。

1. 时钟电路与时序

(1) 时钟信号的产生

AT89C51 芯片内部有一个高增益反相放大器，其输入端为芯片引脚 XTAL1，其输出端为引脚 XTAL2 。而在芯片的外部，XTAL1 和 XTAL2 之间跨接晶体振荡器和微调电容，从而构成一个稳定的自激振荡器，这就是单片机的时钟电路，如图 1.8 所示。

时钟电路产生的振荡脉冲经过触发器进行二分频之后，才成为单片机的时钟脉冲信号。请读者特别注意时钟脉冲与振荡脉冲之间的二分频关系，否则会造成概念上的错误。

一般电容 $C1$ 和 $C2$ 取 30pF 左右，晶体的振荡频率范围是 1.2～24MHz。晶体振荡频率高，则系统的时钟频率也高，单片机运行速度也就快。AT89C51 最高振荡频率为 24MHz。

(2) 引入外部脉冲信号

在由多片单片机组成的系统中，为了各单片机之间时钟信号的同步，应当引入唯一的公用外部脉冲信号作为各单片机的振荡脉冲。这时外部的脉冲信号经 XTAL2 引脚进入，其连接如图 1.9 所示。

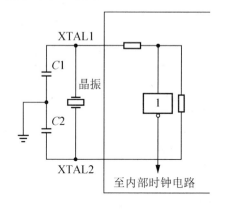

图 1.8 时钟振荡电路

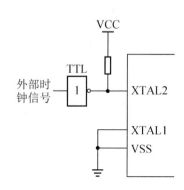

图 1.9 外部时钟接法

(3) 时序

时序是用定时单位来说明的。AT89C51 的时序定时单位共有 4 个，从小到大依次是节拍、状态、机器周期和指令周期。下面分别加以说明。

① 节拍与状态。把振荡脉冲的周期定义为节拍(用 P 表示)。振荡脉冲经过二分频后，就是单片机的时钟信号的周期，定义为状态(用 S 表示)。这样，一个状态就包含两个节拍，其前半周期对应的节拍叫节拍 1($P1$)，后半周期对应的节拍叫节拍 2($P2$)。

② 机器周期。

AT89C51 采用定时控制方式，因此它有固定的机器周期。规定一个机器周期的宽度为

6 个状态，并依次表示为 S1～S6。由于一个状态又包括两个节拍，因此一个机器周期总共有 12 个节拍，分别记作 S1P1，S1P2，… S6P2。由于一个机器周期共有 12 个振荡脉冲周期，因此机器周期就是振荡脉冲的十二分频。

当振荡脉冲频率为 12MHz 时，一个机器周期为 1μs。

当振荡脉冲频率为 6MHz 时，一个机器周期为 2μs。

③ 指令周期。指令周期是最大的时序定时单位，执行一条指令所需要的时间称为指令周期。它一般由若干个机器周期组成。不同的指令，所需要的机器周期数也不相同。通常，包含一个机器周期的指令称为单周期指令，包含两个机器周期的指令称为双周期指令，等等。

指令的运算速度和指令所包含的机器周期有关，机器周期数越少的指令，执行速度越快。AT89C51 单片机通常可以分为单周期指令、双周期指令和四周期指令 3 种。四周期指令只有乘法指令和除法指令两条，其余均为单周期指令和双周期指令。

例如，外接晶振频率为 $f_{osc}=12MHz$，则 4 个基本周期的具体数值为：

振荡周期＝1/12μs；

时钟周期＝1/6μs；

机器周期＝1μs；

指令周期＝1～4μs。

单片机执行任何一条指令时都可以分为取指令阶段和执行指令阶段。AT89C51 的取指/执行时序如图 1.10 所示。

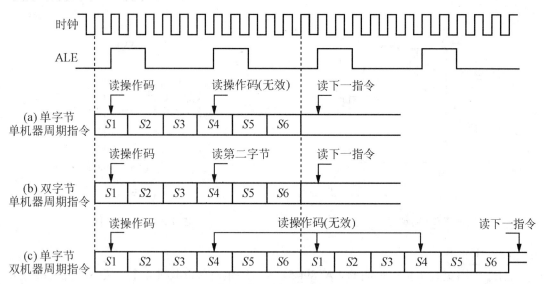

图 1.10　AT89C51 取指/执行时序

对于单周期指令，当操作码被送入指令寄存器时，便从 S1P2 开始执行指令。若是双字节单机器周期指令，则在同一机器周期的 S4 期间读入第二个字节；若是单字节单机器周期指令，则在 S4 期间仍进行读，但所读的这个字节操作码被忽略，程序计数器也不加 1，在 S6P2 结束时完成指令操作。图 1.10(a)和(b)给出了单字节单机器周期指令和双字节单机器周期指令的时序。指令大部分在一个机器周期完成。乘(MUL)和除(DIV)指令是仅有的需要两个以上机器周期的指令，占用 4 个机器周期。对于双字节单机器周期指令，通常是在一个机器周期内从程序存储器中读入两个字节，唯有 MOVX 指令例外。MOVX 是访问外部数据存储器的单字节双机器周期指令。在执行 MOVX 指令期间，外部数据存储器被访问且被选通时跳过两次取指操作。图 1.10(c)给出了一般单字节双机器周期指令的时序。

2. 单片机的复位电路

单片机复位是使 CPU 和系统中的其他功能部件都处在一个确定的初始状态，并从这个状态开始工作，例如，复位后 PC＝0000H，使单片机从第一个单元取指令。无论是在单片机刚开始接上电源时，还是断电后或者发生故障后都要复位。所以我们必须弄清楚 AT89C51 单片机复位的条件、复位电路和复位后状态。

单片机复位的条件是：必须使 RST/VPD 或 RST 引脚(9)加上持续两个机器周期(即 24 个振荡周期)的高电平。例如，若时钟频率为 12MHz，每个机器周期为 1μs，则只需 2μs 以上时间的高电平。在 RST 引脚出现高电平后的第二个机器周期执行复位。单片机常见的复位电路如图 1.11(a)、(b)所示。

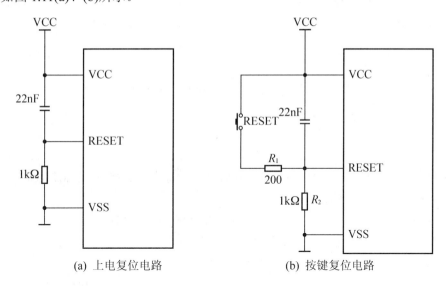

(a) 上电复位电路   (b) 按键复位电路

图 1.11 AT89C51 复位电路

图 1.11(a)为上电复位电路，它是利用电容充电来实现的。在接电瞬间，RST 端的电位与 VCC 相同，随着充电电流的减少，RST 的电位逐渐下降。只要保证 RST 为高电平的时间大于两个机器周期，便能正常复位。

图 1.11(b)为按键复位电路。该电路除具有上电复位功能外，若要复位，只需按图 1.11(b)中的 RESET 键，此时电源 VCC 经电阻 R_1、R_2 分压，在 RST 端产生一个复位高电平。

单片机复位期间不产生 ALE 和 $\overline{PSEN}$ 信号，即 ALE＝1 和 $\overline{PSEN}$＝1。这表明单片机复位期间不会有任何取指操作。复位后，内部各专用寄存器状态如表 1.2 所示。

表 1.2　AT89C51 复位后寄存器的状态

寄存器	内容	寄存器	内容
PC	0000H	TMOP	00H
ACC	00H	TCON	00H
B	00H	TH0	00H
PSW	00H	TL0	00H
SP	07H	TH1	00H
DPTR	0000H	TL1	00H
P0～P3	0FFH	SCON	00H
IP	×××00000B	SBUF	不定
IE	0××00000B	PCON	0×××0000B

① 复位后 PC 值为 0000H，表明复位后程序从 0000H 开始执行。

② SP 值为 07H，表明堆栈底部在 07H。一般需重新设置 SP 值。

③ P0～P3 口值为 FFH。P0～P3 口用做输入口时，必须先写入"1"。单片机在复位后，已使 P0～P3 口每一端线为"1"，为这些端线用做输入口做好了准备。

(五) 存储器及特殊功能寄存器

AT89C51 内部有两个独立的存储器空间：64KB 的程序存储器空间和 64KB 的数据存储器空间。

1. 程序存储器

$\overline{EA}$ =0：片内 ROM 不起作用，完全执行片外程序存储器指令，外部 ROM 的地址为 0000H～0FFFH，可达 64KB。

$\overline{EA}$ =1：执行片内程序存储器指令，地址为 0000H～0FFFH；当指令地址超过 0FFFH 后，自动转向片外 ROM 取指令，地址为 1000H～FFFFH。

程序存储器中有些单元具有特殊功能，使用时应予以注意。

其中一组特殊单元是 0000H～0002H。系统复位后，(PC)＝0000H，单片机从 0000H 单元开始取指令执行程序。如果程序不从 0000H 单元开始，应在这 3 个单元中存放一条无条件转移指令，以便直接转去执行指定的程序。

还有一组特殊单元是 0003H～002AH。共 40 个单元，这 40 个单元被均匀地分为 5 段，作为 5 个中断源的中断地址区。其中：0003H～000AH 为外部中断 0 中断地址区；000BH～0012H 为定时器/计数器 0 中断地址区；0013H～001AH 为外部中断 1 中断地址区；001BH～0022H 为定时器/计数器 1 中断地址区；0023H～002AH 为串行中断地址区。

中断响应后，按中断种类，自动转到各中断区的首地址去执行程序。因此在中断地址区中理应存放中断服务程序。但通常情况下，8 个单元难以存下一个完整的中断服务程序，因此通常也是从中断地址区首地址开始存放一条无条件转移指令，以便中断响应后，通过中断地址区，再转到中断服务程序的实际入口地址去。

2. 数据存储器

数据存储器分为片内数据存储器和片外数据存储器。

(1) 片内数据存储器

AT89C51 有 128B 的片内 RAM，地址空间为 00H~7FH。使用时可分为 4 个区，即工作寄存器区、位寻址区、数据缓冲区和堆栈区。堆栈的栈底地址复位后默认为 07H，可由程序中的指令改变。

① 工作寄存器区。

89C51 有 32 个工作寄存器，分为 4 个区(或组)，每个区为 8 个寄存器 R0、R1、R2、R3、R4、R5、R6、R7，每一时刻只有一个区工作。由程序状态字(PSW)寄存器中的 RS1、RS0 的值来决定当前的工作区。

这 32 个工作寄存器不但有各自的名称和区号，而且还有地址。00H～1FH 共 32 个单元。每一个区有 8 个工作寄存器，编号为 R0～R7，每一区中 R0～R7 的地址见表 1.3。

表 1.3 寄存器和 RAM 地址对照表

0 区		1 区		2 区		3 区	
地址	寄存器	地址	寄存器	地址	寄存器	地址	寄存器
00H	R0	08H	R0	10H	R0	18H	R0
01H	R1	09H	R1	11H	R1	19H	R1
02H	R2	0AH	R2	12H	R2	1AH	R2
03H	R3	0BH	R3	13H	R3	1BH	R3
04H	R4	0CH	R4	14H	R4	1CH	R4
05H	R5	0DH	R5	15H	R5	1DH	R5
06H	R6	0EH	R6	16H	R6	1EH	R6
07H	R7	0FH	R7	17H	R7	1FH	R7

当前程序使用的工作寄存器区是由 PSW 寄存器(特殊功能寄存器，字节地址为 0D0H)中的 D4、D3 位(RS1 和 RS0)来指示的。

不设定为第 0 区，也叫默认值。需特别注意的是，如果不加设定，在同一段程序中 R0～R7 只能用一次，若用两次程序会出错。

如果用户程序不需要 4 个工作寄存器区，则不用的工作寄存器单元可以做一般的 RAM 使用。

这 32 个单元为内部数据存储器(即片内 RAM)的 00H～1FH 存储空间，这与普通微机中的通用寄存器基本相同，所不同的是，普通微机的通用寄存器只有名称，不占有 RAM 空间，因此只有名字，没有对应的地址；而 89C51 单片机的工作寄存器 R0～R7 既可以用名字，也可以用它的地址来表示。其中 R0、R1 寄存器除做工作寄存器外，还常做间址寻址的地址指针。

② 位寻址区。

工作寄存器区上面的 16 个单元(20H～2FH)构成固定的位寻址区。每个单元有 8 位，16 个单元共 128 位，每位都有一个位地址，如表 1.4 所示。它们可位寻址、位操作，即可对该位进行置 1、清 0、求反等操作。

需特别注意的是，位地址 00H～7FH 和片内 RAM 中的字节地址 00H～7FH 的编码表示相同。但它们本质上是完全不同的，位操作指令中的地址表示某一位的地址，而不是一个字节的地址。

表 1.4　RAM 寻址区位地址

字节地址	位　　　　地　　　　址							
	D7	D6	D5	D4	D3	D2	D1	D0
2FH	7F	7E	7D	7C	7B	7A	79	78
2EH	77	76	75	74	73	72	71	70
2DH	6F	6E	6D	6C	6B	6A	69	68
2CH	67	66	65	64	63	62	61	60
2BH	5F	5E	5D	5C	5B	5A	59	58
2AH	57	56	55	54	53	52	51	50
29H	4F	4E	4D	4C	4B	4A	49	48
28H	47	46	45	44	43	42	41	40
27H	3F	3E	3D	3C	3B3	3A	39	38
26H	37	36	35	34	33	32	31	30
25H	2F	2E	2D	2C	2B	2A	29	28
24H	27	26	25	24	23	22	21	20
23H	1F	1E	1D	1C	1B	1A	19	18
22H	17	16	15	14	13	12	11	10
21H	0F	0E	0D	0C	0B	0A	09	08
20H	07	06	05	04	03	02	01	00

③ 数据缓冲区。

在片内数据存储器 RAM 中，30H～7FH 地址单元一般可做数据缓冲区用，用于存放数据和中间结果。没有使用的工作寄存器单元和没有使用的可位寻址单元都可做数据缓冲区用。

④ 堆栈区。

什么是堆栈？

堆栈是片内数据存储器 RAM 中开辟的一块特殊数据存储区，是 CPU 用于暂时存放数据的地方。由堆栈指针(SP)指向此区域，有专用的堆栈操作指令。其操作的特殊性在于它遵循先进后出(FILO)或后进先出(LIFO)原则。

为什么要用堆栈？

在一个实际程序中，有一些操作要执行很多次，为了简化程序，把这些要重复执行的操作编为子程序，也常常把一些常用的操作编为标准化、通用化的子程序。所以一个实际程序常常由主程序和多个子程序构成。在主程序中常常要调用子程序或要处理中断，此时就要暂停主程序的执行，而转去执行子程序(或中断服务子程序)，则计算机必须把主程序中调用子程序指令的下一条指令的地址保留下来，只有这样，才能保证当子程序执行完后能正确地返回主程序的断点继续执行主程序。

另外，执行子程序时，通常要用到内部寄存器，并且运算的结果会影响标志位，所以还必须把主程序中有关寄存器的中间结果和标志位的状态保留下来，这也需要有一个保存的地方。

为什么要遵循先进后出或后进先出原则？

调用子程序时不仅要把信息保留下来，而且还要保证能正确地返回，这就要求数据按后进先出的原则保留。实质上堆栈就是一个按后进先出原则组织的一段内存区域，这就需要一个指针(相当于地址)SP 来指示堆栈的顶部在哪里。

在执行子程序调用指令(ACALL 或 LCALL)或在响应中断请求时，硬件自动把 16 位的 PC 值分两次推入堆栈。

(2) 特殊功能寄存器

特殊功能寄存器(SFR)是单片机各功能部件所对应的寄存器，是用来存放相应功能部件的控制命令、状态或数据的区域。它们在 80H~FFH 地址空间，SFR 并没有完全被占用。对于余留的空间，用户不可使用。

AT89C51 片内共有 21 个特殊功能寄存器。表 1.5 列出了 SFR 的符号、地址及复位值。

表 1.5 AT89C51 SFR 的符号、地址及复位值

序 号	地 址	符 号	复位值	说 明
1	80H	P0	FFH	P0 口锁存寄存器
2	81H	SP	07H	堆栈指针
3	82H	DPL	00H	数据指针 DPTR 低 8 位
4	83H	DPH	00H	数据指针 DPTR 高 8 位
5	87H	PCON	$0 \times \times \times 0000B$	电源控制寄存器
6	88H	TCON	00H	定时器 0 和 1 的控制寄存器
7	89H	TMOD	00H	定时 0 和 1 的方式寄存器
8	8AH	TL0	00H	定时器 0 低 8 位
9	8BH	TL1	00H	定时器 1 低 8 位
10	8CH	TH0	00H	定时器 0 高 8 位
11	8DH	TH1	00H	定时器 1 高 8 位
12	90H	P1	FFH	P1 口锁存寄存器
13	98H	SCON	00H	串行口控制寄存器
14	99H	SBUF	$\times \times \times \times \ \times \times \times \times B$	串行数据缓冲寄存器
15	0A0H	P2	FFH	P2 口锁存寄存器
16	0A8H	IE	$0 \times 00 \ 0000B$	中断允许控制寄存器

序　号	地　址	符　号	复位值	说　明
17	0B0H	P3	FFH	P3 口锁存寄存器
18	0B8H	IP	××00 0000B	中断优先级控制寄存器
19	0D0H	PSW	00H	程序状态字
20	0E0H	ACC	00H	累加器
21	0F0H	B	00H	B 寄存器

表 1.6 列出了可位寻址 SFR 的位地址及位标志。

表 1.6　可位寻址 SFR 的位地址及位标志

SFR	字节地址	位　　　地　　　址							
		D0	D1	D2	D3	D4	D5	D6	D7
P0	80H	P0.0	P0.1	P0.2	P0.3	P0.4	P0.5	P0.6	P0.7
		80H	81H	82H	83H	84H	85H	86H	87H
SP	81H	不可位寻址							
DPL	82H	不可位寻址							
DPH	83H	不可位寻址							
PCON	87H	不可位寻址							
TCON	88H			IT0 IE0 IT1 IE1 TR0			TF0 TR1 TF1		
		88H	89H	8AH	8BH	8CH	8DH	8EH	8FH
TMOD	89H	不可位寻址							
TL0	8AH	不可位寻址							
TL1	8BH	不可位寻址							
TH0	8CH	不可位寻址							
TH1	8DH	不可位寻址							
P1	90H	P1.0	P1.1	P1.2	P1.3	P1.4	P1.5	P1.6	P1.7
		90H	91H	92H	93H	94H	95H	96H	97H
SCON	98H	RI	TI	RB8	TB8	REN	SM2	SM1	SM0
		98H	99H	9AH	9BH	9CH	9DH	9EH	9FH
SBUF	99H	不可位寻址							
P2	A0H	P2.0	P2.1	P2.2	P2.3	P2.4	P2.5	P2.6	P2.7
		A0H	A1H	A2H	A3H	A4H	A5H	A6H	A7H
IE	A8H	EX0	ET0	EX1	ET1	ES	—	—	EA
		A8H	A9H	AAH	ABH	ACH	—	—	AFH

SFR	字节地址	位　地　址							
		D0	D1	D2	D3	D4	D5	D6	D7
P3	B0H	P3.0	P3.1	P3.2	P3.3	P3.4	P3.5	P3.6	P3.7
		B0H	B1H	B2H	B3H	B4H	B5H	B6H	B7H
IP	B8H	PX0	PT0	PX1	PT1	PS	—	—	—
		B8H	B9H	BAH	BBH	BCH	—	—	—
PSW	D0H	P	—	OV	RS0	RS1	F0	AC	CY
		D0H	D1H	D2H	D3H	D4H	D5H	D6H	D7H
ACC	E0H	ACC.0	ACC.1	ACC.2	ACC.3	ACC.4	ACC.5	ACC.6	ACC.7
		E0H	E1H	E2H	E3H	E4H	E5H	E6H	E7H
B	F0H	B.0	B.1	B.2	B.3	B.4	B.5	B.6	B.7
		F0H	F1H	F2H	F3H	F4H	F5H	F6H	F7H

① 累加器 ACC，在指令中用助记符 A 来表示。A 是一个 8 位寄存器，是 CPU 中工作最繁忙的寄存器。在算术逻辑运算中，用来存放一个操作数或运算结果(包括中间结果)；在与外部存储器和 I/O 接口交互时，完成数据传送。

② 寄存器 B：可做通用寄存器，在乘、除运算中使用。做乘法运算时，寄存器 B 用来存放乘数及积的高位字节；做除法运算时，寄存器 B 用来存放除数及余数；不做乘、除运算时，寄存器 B 可做通用寄存器使用。

③ PSW 寄存器(程序状态标志寄存器)：8 位寄存器，用于存放当前指令执行后操作结果的某些特征，以便为下一条指令的执行提供依据。PSW 的各位定义如表 1.7 所示。

表 1.7　PSW 各位定义

位　序	PSW.7	PSW.6	PSW.5	PSW.4	PSW.3	PSW.2	PSW.1	PSW.0
位标志	Cy	AC	F0	RS1	RS0	OV	—	P
位地址	D7H	D6H	D5H	D4H	D3H	D2H	D1H	D0H

- Cy：进位标志位。

  在执行某些算术和逻辑指令时，可以被硬件或软件置位或清零。在算术运算中，它可作为进位标志；在位运算中，它做累加器使用。在位传送、位与和位或等位操作中，都要使用进位标志位。

- AC：辅助进位标志。

  进行加法或减法操作时，当发生低四位向高四位进位或借位时，AC 由硬件置位，否则 AC 位被置 0。在进行十进制调整指令时，将借助 AC 状态进行判断。

- F0：用户标志位。

  该位为用户定义的状态标记，用户根据需要用软件对其置位或清零，也可以用软件测试 F0 来控制程序的跳转。

- RS1 和 RS0：寄存器区选择控制位。

　　该两位通过软件置 0 或 1 来选择当前工作寄存器区，如表 1.8 所示。

CPU 通过对 PSW 中的 D4、D3 位内容的修改，就能任选一个工作寄存器区。例如：

```
SETB  PSW.3
CLR   PSW.4        ;选定第 1 区
SETB  PSW.4
CLR   PSW.3        ;选定第 2 区
SETB  PSW.3
SETB  PSW.4        ;选定第 3 区
```

表 1.8　工作寄存器选择

RS1	RS2	寄存器组	片内 RAM 地址
0	0	第 0 组	00H～07H
0	1	第 1 组	08H～0FH
1	0	第 2 组	10H～17H
1	1	第 3 组	18H～1FH

- OV：溢出标志位。

　　当执行算术指令时，在带符号的加减运算中，OV＝1 表示有溢出(或借位)；反之，OV＝0 表示运算正确，即无溢出产生。

　　当执行加法指令 ADD 时，位 6 向位 7 有进位而位 7 不向 Cy 进位时，或位 6 不向位 7 进位而位 7 向 Cy 进位时，溢出标志 OV 置位，否则清零。

　　无符号数乘法指令 MUL 的执行结果也会影响溢出标志。若置于累加器 A 和寄存器 B 的两个数的乘积超过 255 时，OV＝1，否则 OV＝0。此积的高 8 位放在 B 内，低 8 位放在 A 内。因此，OV＝0 意味着只要从 A 中取得乘积即可，否则要从 B、A 寄存器对中取得乘积。

　　除法指令 DIV 也会影响溢出标志。当除数为 0 时，OV＝1，否则 OV＝0。

- P：奇偶标志位。

　　用以表示累加器 A 中 1 的个数的奇偶性，它常常用于手机间通信。若累加器中 1 的个数为奇数则 P＝1，否则 P＝0。

　　P 标志位对串行通信中的数据传输有重要的意义，在串行通信中常用奇偶校验的办法来检验数据传输的可靠性。在发送端可根据 P 的值对数据的奇偶置位或清零。通信协议中规定采用奇校验的办法，则 P＝0 时，应对数据(假定由 A 取得)的奇偶位置位，否则就清 0。

④ 堆栈指针 SP：8 位特殊功能寄存器。堆栈是建立在 RAM 中的一个专用存储区，用于临时保存一些数据与保存程序的断点地址。在程序执行过程中，有时需要调用"子程序"或系统产生中断，在进入"子程序"或中断服务程序之前，必须保存主程序断点处的地址，以便在子程序执行完或中断返回后，再恢复断点地址，使主程序得以继续执行。上电复位

后，SP 指向 07H(此时栈顶与栈底重合)。SP 可以指向片内 RAM 地址为 00H～7FH 的任一存储单元开辟栈区，并随时跟踪栈顶地址，它按先进后出的原则存取数据。

⑤ 数据指针 DPTR：16 位专用寄存器，也可作为两个 8 位寄存器 DPH(高 8 位)和 DPL(低 8 位)。它可作为一个整体使用，也可作为两个 8 位独立的寄存器使用。其位数 16 位可能寻址的最大空间为 64KB。DPTR 主要用于对外部数据存储器和 I/O 口进行寻址。它用做外部数据存储器的地址指针。

当对 64KB 外部存储器寻址时，可作为间址寄存器用。可以用下列两条传送指令："MOVX A"，"@DPTR 和 MOVX @DPTR，A"。在访问程序存储器时，DPTR 可用做基址寄存器，有一条采用基址＋变址寻址方式的指令"MOVC A，@A＋DPTR"，常用于读取存放在程序存储器内的表格常数。

⑥ 端口 P0～P3：特殊功能寄存器 P0、P1、P2 和 P3 分别是 I/O 端口 P0～P3 的锁存器。P0～P3 作为特殊功能寄存器还可用直接寻址方式参与其他操作指令。

⑦ 串行数据缓冲器(SBUF)：用于存放欲发送或已接收的数据，它实际上由两个独立的寄存器组成，一个是发送缓冲器，另一个是接收缓冲器。当要发送的数据传送到 SBUF 时，进的是发送缓冲器。当要从 SBUF 读数据时，则取自接收缓冲器，取走的是刚接收到的数据。

⑧ 定时器/计数器：有两个 16 位定时器/计数器 T0 和 T1。它们各由两个独立的 8 位寄存器组成，共有 4 个独立的寄存器：TH0、TL0、TH1、TL1。可以对这 4 个寄存器寻址，但不能把 T0、T1 当作一个 16 位寄存器来寻址。

⑨ 其他控制寄存器：IP、IE、TMOD、TCON、SCON 和 PCON 寄存器分别包含中断系统、定时器/计数器、串行口和供电方式的控制、状态位，这些寄存器将在以后有关内容中叙述。

对特殊功能寄存器的字节寻址问题做如下几点说明。

● 21 个可字节寻址的专用寄存器是不连续地分散在内部 RAM 高 128 单元之中，尽管还余有许多空闲地址，但用户并不能使用。

● 程序计数器不占据 RAM 单元，它在物理上是独立的，因此是不可寻址的寄存器。

● 对特殊功能寄存器只能使用直接寻址方式，书写时既可使用寄存器符号，也可使用寄存器单元地址。

全部特殊功能寄存器可寻址的位共 83 位，这些位都具有专门的定义和用途。这样加上位寻址区的 128 位，在 AT89C51 的内部 RAM 中共有 128＋83＝211 个可寻址位。

(3) 片外数据存储器

地址范围为 0000H～FFFFH，可达 64KB。用 MOVX 指令进行访问。

任务实施

一、任务实施分析

(一) 硬件电路

信号灯电路是 AT89C51 单片机的一种最简单电路，它包括 3 个部分：晶振电路、上电复位电路和用户电路。信号灯电路原理如图 1.12 所示。

由于只使用内程序存储器，AT89C51 的 EA 端接电源正端。

选用驱动能力较强的 P0 口中的第一个端口 P0.0 控制一只 LED。当 P0.0 输出为 1 时，LED 无电流不发光。当 P0.0 输出为 0 时，流过 LED 的电流为

$$I = \frac{V_{CC} - U_{LED} - V_{OL}}{R2} = \frac{5 - 2 - 0}{510} \approx 0.0058(A) = 5.8(mA)$$

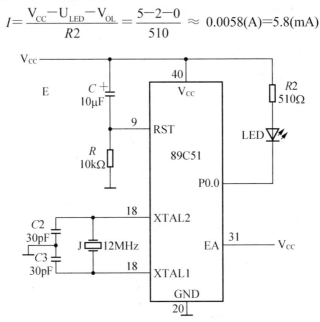

图 1.12 信号灯电路原理图

LED 的控制方法：

P0.0＝1，LED 灭；

P0.0＝0，LED 亮。

(二) 软件设计

单片机控制系统与传统的模拟和数字控制系统的最大区别在于，单片机系统除了硬件以外还必须有程序支持，信号灯电路所使用的程序清单如下。

```
        ORG    00H
L1:     CPL    P0.0
        LCALL  DELAY
        SJMP   L1
DELAY:  MOV    R7,#00H          ;1 个机器周期
L2:     MOV    R6,#00H          ;1 个机器周期
L3:     NOP                     ;1 个机器周期
        DJNZ   R6,L3            ;2 个机器周期
        DJNZ   R7,L2            ;2 个机器周期
        RET                     ;2 个机器周期
        END
```

总延时时间：

$$[(1+2) \times 256+1+2] \times 256=197376(个)机器周期$$

$$振荡频率=6MHz，1 个机器周期=2\mu s$$

则延时时间：

$$2\mu s \times 197376=394752\mu s=394.752ms$$

$$振荡频率=12MHz，1 个机器周期=1\mu s$$

则延时时间：

$$1\mu s \times 197376=197376\mu s=197.376ms$$

调整 $R6$ 和 $R7$ 的值，可改变延时时间。

二、任务实施要求

(一) 工具器材要求

直流电源 5V/500、面包板、跳线、元器件 1 套，如表 1.9 所示。

表 1.9　元器件清单

序号	元器件	数量	数值	作用
1	R1	1	10kΩ	复位电阻
2	R2	1	510Ω	LED 限流电阻
3	C1	1	10μF	复位电容
4	C2、C3	2	30pF	振荡电容
5	J	1	12MHz	晶振
6	IC1	1	AT89C51	单片机芯片
7	D0	1	红色 φ5	显示器件
8	SA0	1	开关	复位开关

(二) 实施步骤

(1) 在面包板上按图 1.12 所示的电路原路图安装元器件。

(2) 软件的调试。

本系统的软件系统很简单，全部用汇编语言来编写，选用 Keil 仿真器对汇编语言进行调试。除了语法差错外，当确认程序没问题时，通过直接下载到单片机来调试。

(3) 检查无误后接通电源，观察 LED 显示情况。

(4) 分析程序中是哪一条指令使 LED 的状态发生变化(闪烁)的。

(5) 画出流程图。

(6) 计算延时时间并编写一个延时 2ms 的程序。

三、AT89C51 软件调试与仿真演示

1. 软件调试仿真器 Keil 的操作演示。

2．单片机系统的 PROTEUS 设计与仿真操作平台的演示。

四、学习状态反馈

1．什么是单片机？它与一般微型计算机在结构上有何区别？

2．单片机的发展大致可分为几个阶段？各阶段的单片机功能特点是什么？

3．单片机在片内集成了哪些主要逻辑功能部件？各个逻辑部件的主要功能是什么？

4．单片机的引脚中有多少根 I/O 线？它们与单片机对外的地址总线和数据总线之间有什么关系？其地址总线和数据总线各有多少位？对外可寻址的地址空间有多大？

5．单片机的控制总线信号有哪些？各有何作用？

6．单片机的存储器组织采用何种结构？存储器地址空间如何划分？各地址空间的地址范围和容量如何？使用上有何特点？

7．何为堆栈指针？堆栈操作有何规定？

8．单片机有多少个特殊功能寄存器？这些特殊功能寄存器能够完成什么功能？特殊功能寄存器中的哪些寄存器可以进行位寻址？

9．DPTR 是什么寄存器？它的作用是什么？

10．单片机的 PSW 寄存器各位标志的意义如何？

11．开机复位后，CPU 使用的是哪组工作寄存器？它们的地址是什么？CPU 如何确定和改变当前工作寄存器组？

12．片内 RAM 低 128 单元划分为哪几个主要部分？各部分主要功能是什么？

13．单片机的片内，片外存储器如何选择？

14．单片机的时钟周期、机器周期、指令周期是如何定义的？当主频为 12MHz 时，一个机器周期是多长时间？执行一条最长的指令需要多长时间？

15．单片机复位后，各寄存器的初始状态如何？复位方法有几种？

第二篇　AT89C51 单片机指令系统及程序设计方法

学习目标：

- 熟练掌握单片机的寻址方式和指令系统。
- 能编写简单完整的程序。
- 掌握标志位的作用。
- 掌握单片机集成开发环境 Keil 的使用方法。

技能要求：

- 能够对工作任务进行分析，找出相应算法，绘制流程图。
- 能够根据流程图编写程序。
- 会使用 Keil C51 uVision 集成开发环境，观察与修改存储器，及对程序进行仿真和调试。

任务二 寻址方式及指令系统

任务要求

掌握单片机的寻址方式和指令系统，理解片内 RAM 工作寄存器区、内部 RAM 位寻址区、RAM 间接与直接寄存器区、内部 RAM 间接寻址区、内部 RAM 特殊功能寄存器区、外部 RAM 区(XRAM)的含义。

相关知识

一、基本概念

通过学习，我们已经了解了 AT89C51 的内部结构，并且已经知道，要控制单片机，让它完成特定的任务，必须使用指令。

(一) 指令、指令系统及程序

指令是指单片机执行某种操作的命令。指令系统(或指令集)是指单片机能够识别和执行的全部指令。一条指令可用两种语言形式表示，即机器语言指令和汇编语言指令。机器语言指令是单片机能直接识别、分析和执行的二进制码，用机器语言编写的程序称为目标程序。汇编语言由一系列描述计算机功能及寻址方式的助记符构成，与机器码一一对应，用汇编语言编写的程序必须经汇编后才能生成目标码，被单片机识别。用汇编语言编写的程序称为源程序。为完成某项任务，人们按要求编写的指令操作序列称为程序。

【例 2-1】要做"8+10"的加法，可写成：

汇编语言程序：

```
MOV  A,#08H
ADD  A,#0AH
```

机器语言程序：

```
74  08H
24  0A H
```

(二) 指令格式、常用符号

指令格式包括汇编语言指令格式和机器语言指令格式。

1. 汇编语言指令格式

```
[标号]:操作码  [目的操作数],[源操作数];[注释]
```

例如:

```
Loop: ADD A, R0 ; (A)←A + (R0)
```

操作码:规定了指令所实现的操作功能。

操作数:指出了参与操作的数据的来源和操作结果存放在什么空间单元。

操作数可以是一个数(立即数),或者是一个数据所在的空间地址,即在执行指令时从指定的地址空间取出操作数。

2. 机器语言指令格式

要想使计算机完成某项任务,就要向它发出指令,而计算机只能识别二进制码,而不能识别其他语言。因此机器语言是计算机能识别的唯一语言。机器语言指令格式如图 2.1 所示。

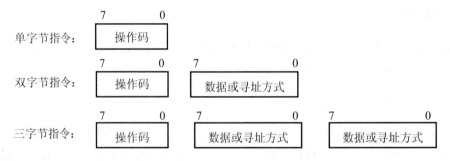

图 2.1 机器语言指令格式

例如,"ADD   A ,   #0AH",有

机器码 $\boxed{\begin{matrix}00100100\\00001010\end{matrix}}$ 操作码   24H
操作数   0AH

3. 汇编程序常用符号

了解一些常用符号,对程序的理解和编写非常有用。

● Rn:表示当前工作寄存器 R0～R7 中的一个。

它在片内数据存储器中的地址由 PSW 中 RS1、RS0 确定,可以是 00H～07H(第 0 组)、08H～0FH(第 1 组)、10H～17H(第 2 组)、18H～1FH(第 3 组)。

● Ri:(i=0,1)代表 R0 和 R1 寄存器中的一个。

地址:01H、02H;08H、09H;10H、11H;18H、19H。可作为地址指针的两个工作寄存器 R0 和 R1。

● #data:表示 8 位立即数,即 8 位常数。取值范围为#00H～#FFH(0～256)。

● #data16:表示 16 位立即数,即 16 位常数。取值范围为 0000H~0FFFH(0～65536)。

● direct:8 位片内 RAM 单元(包括 SFR)的直接地址,对于 SFR 可使用它的物理地址,也可直接使用它的名字。

● Addr11:表示 11 位地址,2^{11}B=2048B=2KB。

- Addr16：表示 16 位地址，$2^{16}B=65536B=64KB$。

Addr11、Addr16 的区别：

在无条件转移指令中：

短转移 2KB   (AJMP)

长转移 64KB   (LJMP)

在子程序调用指令中：

短调用 2KB   (ACALL)

长调用 64KB   (LCALL)

- rel：用补码形式表示的地址偏移量，取值范围为 $-128\sim+127$。
- bit：片内 RAM 或 SFR 的直接地址位地址。

SFR 中的位地址可以直接出现在指令中。为了阅读方便，往往也可用 SFR 的名字和所在的数位表示。例如，表示 PSW 中的奇偶校验位，可写成 D0H，也可写成 PSW.0 的形式出现在指令中。

- @：表示间接寻址寄存器或基址寄存器的前缀符号。
- /：位操作指令中，表示该位先取反再参与操作，但不影响该位原值。
- (x)：x 中的内容。
- $((x))$：由 x 指出的地址单元中的内容(内容的内容)。
- →：指令操作流程，将箭头左边的内容送入箭头右边的单元。
- $：表示当前指令的地址。

4. 汇编(编译)和编程(固化)

用汇编语言编写的程序通常称为源程序。单片机 CPU 不能识别源程序，它们必须转换成机器语言，也就是转换成二进制格式(BIN)文件或十六进制格式(HEX)文件。转换的过程称为"汇编"。可用手工汇编，但一般用计算机软件(如 Keil、WAVE)来实现。汇编后的 BIN 文件或 HEX 文件再通过编程器编程(固化)到单片机的 ROM 中。编程后，程序中第一条指令的机器码必须安置在单片机 ROM 中 0000H 单元开始的地址单元中。单片机 CPU 从 ROM 的 0000H 地址开始取指令并执行。

汇编语言程序及其代码在 ROM 中的安排举例：

```
MOV 80H,#0FH      ;将数(立即数)0FH 传送到 80H 单元
MOV R1,A          ;将寄存器 A 中的内容传送到寄存器 R1 中
SJMP  $           ;短转移指令,符号$表示该条指令的首地址
```

通过 Keil 汇编后生成的十六进制及其码为

```
75 80 0F
F9
80 FE
```

通过编程器编程(固化)到 AT89C51 ROM 中的机器代码安排如表 2.1 所示。

表 2.1　机器代码的存储地址

存储地址	机器代码	汇编语言程序
0000H	75H	
0001H	80H	MOV 80H,#0FH
0002H	0FH	
0003H	F9H	MOV R1 ,A
0004H	80H	SJMP $
0005H	FEH	

二、AT89C51 单片机寻址方式

(一) 寻址、寻址方式、寻址存储器范围

寻址是单片机 CPU 寻找操作数或操作数地址。

寻址方式是单片机 CPU 寻找操作数或操作数地址的方法。

具体来说寻址方式就是如何找到存放操作数的地址，把操作数提取出来的方法，它是计算机的重要性能指标之一，也是汇编语言程序设计中最基本的内容之一。实际上计算机执行策划能够寻址的过程是不断地寻找操作数并进行操作的过程。一般来讲，寻址方式越多，计算机的寻址能力就越强，但指令系统也就越复杂。

AT89C51 寻址方式共有 7 种：立即寻址、直接寻址、寄存器寻址、寄存器间接寻址、变址寻址、相对寻址和位寻址，如表 2.2 所示。

表 2.2　7 种寻址方式及相应的寻址存储器范围

寻址方式	寻址存储器范围
立即寻址	程序存储器 ROM
直接寻址	片内 RAM 低 128B，特殊功能寄存器
寄存器寻址	工作寄存器 R0~R7，A，C，DPTR，AB
寄存器间接寻址	片内 RAM 低 128B，片外 RAM
变址寻址	程序存储器 ROM(@A＋DPTR，@A＋PC)
相对寻址	程序存储器 ROM(相对寻址指令的下一指令 PC 值加−128～＋127)
位寻址	片内 RAM 的 20H~2FH 字节地址中所有的位，可位寻址的特殊功能寄存器

(二) 立即寻址

特征：指令中直接给出参与操作的数据，称为立即数，用 data 表示。指令操作码后面紧跟一字节或两字节操作数，为标明立即数，在 data 前加前缀"#"，以区别直接地址。

指令格式：

```
MOV  A, #data
MOV  DPTR,  # data16
```

【例2-2】"MOV A, #33H ；A←33H"表示把33H这个数本身送累加器A，如图2.2所示。请注意注释字段中加圆括号与不加圆括号的区别。

【例2-3】"MOV DPTR, #5678H ；DPTR←5678H"这条指令包括2个字节立即数，所以它是三字节指令，如图2.3所示。

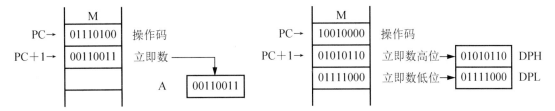

图2.2 立即寻址（MOV A, #33H） 　　　　图2.3 立即寻址（MOV DPTR, #5678H）

(三) 直接寻址

特征：指令中直接给出操作数的地址。该地址一般用 direct 表示。

指令格式：

```
MOV A, direct
```

直接寻址可访问的存储空间如下。

(1) 内部 RAM 低 128 单元，在指令中直接以单元地址形式给出，地址范围为 00H～7FH。

【例2-4】"MOV A, 3FH ；A←(3FH)"中，3FH 为直接地址。指令功能就是把内部 RAM 中 3FH 这个单元的内容送累加器 A，如图 2.4 所示。

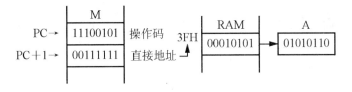

图2.4 直接寻址（MOV A, 3FH）

(2) 特殊功能寄存器 SFR。直接寻址是 SFR 唯一的寻址方式。SFR 可以以单元地址给出，也可用寄存器符号形式给出(A、AB、DFTR 除外)。

【例2-5】"MOV A, P1 ；A←(P1 口)"是把 SFR 中 P1 口内容送 A，它又可写成"MOV A, 90H"，其中，90H 是 P1 口的地址。

(3) 211 个位地址空间，即内部 RAM 中可位寻址的 20H～2FH 单元对应的 128 个位地址空间和 11 个 SFR 中 83 个可用的位地址空间。

【例 2-6】对"MOV A, 03H ；A←(03H)"与"MOV C, 03H ；Cy←(03H)"指令，前一条指令为字节操作指令，机器码为 E503H，03H 为字节地址；后一条指令为位操作指令，机器码为 A203H，03H 为位地址。显然两条指令的含义和执行结果是完全不同的。

直接寻址的地址占 1B，所以，一条直接寻址方式的指令至少占内存两个单元。

（四）寄存器寻址

特征：由指令指出"寄存器"的内容作为操作数。

指令格式：

```
    MOV  A, Rn;n=0~7
```

操作数存放在寄存器中，并且寻址的寄存器已隐含在指令的操作码中，寄存器用符号表示。寄存器寻址的寻址范围如下。

4 组工作寄存器 R0～R7 共 32 个工作寄存器，当前工作寄存器组的选择通过程序状态字 PSW 中的 RS1、RS0 的设置来确定。

【例 2-7】对"MOV　A，R0　；　A←(R0)"指令，操作数存放在寄存器 R0 中，指令功能是把寄存器 R0 中的内容送入累加器 A，如图 2.5 所示。

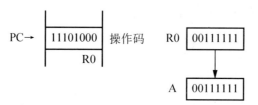

图 2.5　寄存器寻址（MOV　A，R0）

（五）寄存器间接寻址

特征：寄存器间接寻址是指操作数存放在以寄存器内容为地址的单元中。寄存器中的内容不再是操作数，而是存放操作数的地址。此时，操作数不能从寄存器直接得到，而只能通过寄存器间接得到。寄存器间接寻址用符号"@"表示。

指令格式：

```
    MOV  A, @Ri;i=0,1
```

单片机用于间接寻址的寄存器有 R0、R1、堆栈指针 SP 及数据指针 DPTR。

寄存器间接寻址可寻址范围如下。

(1) 内部 RAM 低 128 单元，地址范围为 00H～7FH，用 R$i(i=0，1)$和 SP 作为间址寄存器。

(2) 与 P2 口配合使用，用 Ri指示低 8 位地址，可寻址片外数据存储器或 I/O 口的 64KB 区域。

(3) DPTR 间接寻址寄存器，可寻址片外程序存储器或数据存储器包括 I/O 口的各自的 64KB 区域。

【例 2-8】对"MOV　A，@R0　；A←((R0))"指令，设(R0)=70H，(70H)=55H，执行结果(A)=55H，该指令执行过程如图 2.6 所示。

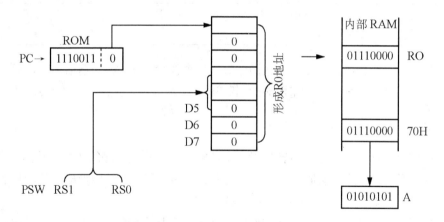

图 2.6 寄存器间接寻址（MOV A，@R0）

注意：特殊功能寄存器只能直接寻址，寄存器间接寻址无效。

(六) 变址寻址

特征：操作数存放在变址寄存器和基址寄存器的内容相加，形成的数为地址的单元中。其中累加器 A 作为变址寄存器，程序计数器或数据指针寄存器作为基址寄存器。

指令格式：

```
MOVC  A,  @A+DPTR;A←((A)+(DPTR))
```

指令功能为 DPTR 中的内容与 A 中的内容相加，其和所指示的单元的数送入累加器 A，如图 2.7 所示。

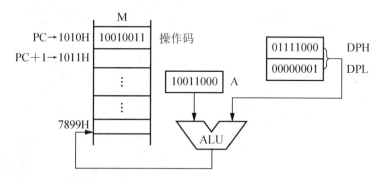

图 2.7 变址寻址（MOVC A， @A+DPTR）

说明：

(1) 变址寻址方式只能对程序存储器进行寻址，因此只能用于读取数据，而不能用于存放数据，它主要用于查表性质的访问。

(2) 变址寻址指令有：

```
MOVC    A,      @A+PC
```

```
MOVC    A,          @A＋DPTR
JMP                 @A＋DPTR
```

前两条指令是在程序存储器中寻找操作数，指令执行完毕 PC 当前值不变，后一条指令是要获得程序的跳转地址，执行完毕 PC 值改变。

(七) 相对寻址

特征：相对寻址只出现在相对转移指令中，它是为了实现程序的相对转移而设置的。

相对寻址是将 PC 的当前值与第二字节给出的偏移量相加，从而形成转移的目的地址，这个偏移量是相对 PC 当前值而言，故称为相对寻址。

PC 的当前值是指取出该指令后的 PC 值，即下一条指令地址。因此，转移目的地址可用如下公式表示：

$$转移目的地址＝下一条指令地址＋rel$$

偏移量 rel 是一个带符号的 8 位二进制数，表示范围为 $-128 \sim +127$。

$$目的地址＝源地址＋2＋rel$$

$$新的程序寄存器 PC 的地址＝当前 PC＋2＋偏移量$$

偏移量可为正，可为负，范围为 $-128 \sim +127$。

偏移量为正：当前(PC)＋2＋偏移量；

偏移量为负：当前(PC)＋2＋2n＋(－偏移量)。

【例2-9】对"JC　FF90H"，若进位标志 Cy＝0，则 PC 值不变；若进位位 Cy＝1，则以 PC 当前值加偏移量 90H 后所得的值作为转移目的地址，其示意如图 2.8 所示。

假设转移指令在 2000H 单元，偏移量在 2001H 单元，指令取出后 PC 的当前值为 2002H，2002H 与偏移量 FF90H 相加得到转移地址 1F92H。

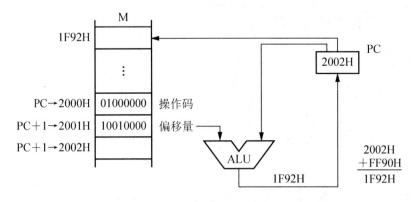

图2.8　相对寻址（JC　90H）

(八) 位寻址

特征：位寻址是指对一些内部 RAM 和特殊功能寄存器进行位操作时的寻址方式 (是指对片内 RAM 中 20H~2FH 中的 128 个位地址及 SFR 中的 11 个可进行位寻址的寄存器中的位地址寻址)。在进行位操作时，借助于进位位 Cy 作为位操作累加器。指令操作数域直接给出该位的地址，然后根据操作码的性质对其进行位操作。位地址与字节直接寻址中的字节地址形式一样，主要由操作码来区分，指令中的地址是位地址而不是存储器单元地址，使用时需予以注意。

位寻址方式是单片机的特有功能。因为单片机设有独立的位处理器，又称为布尔处理器，可对位地址空间的 211 个位地址进行运算和传送操作。利用位寻址指令可使单片机方便地进行位逻辑运算，给控制系统带来了诸多方便。

(1) 内部 RAM 的位寻址地区，共 16 个单元的 128 位，单元地址为 20H～2FH，位地址为 00H～7FH，位地址的表示方法可用直接位地址或单元地址加位的表示方法。

【例 2-10】"MOV　　C，　　7AH" 或 "MOV　　C，　　2FH.2"。

(2) 特殊功能寄存器 SFR 可供位寻址的专用寄存器共 11 个，实有位地址为 83 位。

以上介绍了 89C51 单片机的 7 种寻址方式，如表 2.3 所示。表 2.3 概括了每种寻址方式可涉及的存储器空间。

表 2.3　操作数寻址方式和有关空间

序号	寻址方式	使用的变量	寻址空间
1	立即寻址		程序存储器 ROM
2	直接寻址		内部 RAM 低 128B 和 SFR
3	寄存器寻址	R0～R7，A，B，C，DPTR	内部 RAM 低 128B
4	寄存器间址	@R0，@R1，SP(仅 PUSH，POP)	内部 RAM
5		@R0，@R1，@DPTR	外部 RAM
6	变址寻址	@A＋PC，@A＋DPTR	程序存储器
7	相对寻址	PC＋偏移量	程序存储器 256B 范围
8	位寻址		内部 RAM 和 SFR 的位地址

三、AT89C51 单片机标志位

PSW 寄存器共有 8 位，全部用做程序运行的状态标志，其格式如表 2.4 所示。

表 2.4　PSW 格式

PSW	Cy	AC	F0	RS1	RS0	OV	—	P
位地址	D7H	D6H	D5H	D4H	D3H	D2H	D1H	D0H

- P：奇偶标志位。当累加器中 1 的个数为奇数时，P 置 1，否则清 0。在单片机的指令系统中，凡是改变累加器内容的指令均影响奇偶标志位 P；
- OV：溢出标志。当执行算术运算时，最高位和次高位的进位(或借位)相异时，有溢出，OV 置 1；否则，没有溢出，OV 清 0；
- RS1 和 RS0：寄存器工作区选择。这两位的值决定选择哪一组工作寄存器为当前工作寄存器组。由用户通过软件改变 RS1 和 RS0 值的组合，以切换当前选用的工作寄存器组。其组合关系如表 2.5 所示。

表 2.5　RS1、RS0 的组合关系

RS1	RS0	寄存器组	片内 RAM 地址
0	0	第 0 组	00H～07H
0	1	第 1 组	08H～0FH
1	0	第 2 组	10H～17H
1	1	第 3 组	18H～1FH

- F0：用户标志位；
- AC：辅助进位标志位，算术运算时，若低半字节向高半字节有进位(或借位)时，AC 置 1，否则清 0；
- Cy：最高进位标志位，算术运算时，若最高位有进位(或借位)时，Cy 置 1，否则清 0；
- D1：保留。

四、AT89C51 单片机指令系统

AT89C51 指令系统有 42 种助记符，代表了 33 种功能，指令助记符与各种可能的寻址方式相结合，共构成 111 条指令。指令按功能可分为 5 大类。

(一) 数据传送指令

1. 片内 RAM 数据传送指令

(1) 将数据传送到累加器 A 的指令(4 条)如表 2.6 所示。

表 2.6　将数据传送到累加器 A 的指令

汇编语言指令	机器语言指令	指令功能	目的操作数寻址方式	源操作数寻址方式
MOV A,Rn	1110 1nr	A←(Rn)	寄存器寻址	寄存器寻址
MOV A,direct	1110 0101 direct	A←(direct)	寄存器寻址	直接寻址
MOV A,@Ri	1110 011i	A←((Ri))	寄存器寻址	寄存器间接寻址
MOV A，#data	0111 0100 data	A←data	寄存器寻址	立即寻址

注：机器指令中的低三位 nr 表示 000～111，对应 R0~R7。i 表示 0~1，对应 R0~R1。

(2) 将数据传送到工作寄存器 Rn 的指令(3 条)，如表 2.7 所示。

表 2.7　将数据传送到工作寄存器 Rn 的指令

汇编语言指令	机器语言指令	指令功能	目的操作数寻址方式	源操作数寻址方式
MOV Rn，A	1111 1nr	Rn←(A)	寄存器寻址	寄存器寻址
MOV Rn，direct	1010 1nr direct	Rn←(direct)	寄存器寻址	直接寻址

汇编语言指令	机器语言指令	指令功能	目的操作数寻址方式	源操作数寻址方式
MOV Rn，#data	0111 1nr data	Rn←data	寄存器寻址	立即寻址

(3) 将 8 位数据直接传送到直接地址(内部 RAM 单元或 SFR 寄存器)指令(5 条)，如表 2.8 所示。

表 2.8 数据直接传送到直接地址的指令

汇编语言指令	机器语言指令	指令功能	目的操作数寻址方式	源操作数寻址方式
MOV direct，A	1111 0101 direct	direct←(A)	直接寻址	寄存器寻址
MOV direct，Rn	1000 01nr direct	direct←(Rn)	直接寻址	寄存器寻址
MOV direct 1，direct2	1000 0101 direct2 direct1	direct←(Direct)	直接寻址	直接寻址
MOV direct，@Ri	10000 011i direct	direct←((Ri))	直接寻址	寄存器间接寻址
MOV direct，#data	0111 0101 direct data	direct←data	直接寻址	立即寻址

(4) 将 8 位数据传送到以间接寄存器寻址的 RAM 单元的指令(3 条)，如表 2.9 所示。

表 2.9 数据传送到以间接寄存器寻址的 RAM 单元的指令

汇编语言指令	机器语言指令	指令功能	目的操作数寻址方式	源操作数寻址方式
MOV @Ri,A	1111 011i	(Ri)←(A)	寄存器间接寻址	寄存器寻址
MOV @Ri，direct	1010 011i direct	(Ri)←direct	寄存器间接寻址	直接寻址
MOV @Ri，#data	0111 011i direct	(Ri)←data	寄存器间接寻址	立即寻址

(5) 16 位数据传送指令(1 条)，如表 2.10 所示。

表 2.10 16 位数据传送指令

汇编语言指令	机器语言指令	指令功能	目的操作数寻址方式	源操作数寻址方式
MOV DPTR,#DARA16	1001 0000 DATA 15～8 DATA 7～0	DPTA←data16	寄存器寻址	立即寻址

【例 2-11】写出下列指令的机器代码和对源操作数的寻址方式，并注释其操作功能。

```
MOV R1,#68H        ;机器代码 79 68,立即寻址,将立即数 68H 传送到寄存器 R1 中
MOV @R0,36H        ;机器代码 A6 36,直接寻址,将片内 RAM 中 36H 地址单元中的内容
                    传送到以寄存器 R0 中的内容为地址的存储单元中去
MOV 23H,R7         ;机器代码 8F 23,寄存器寻址,将寄存器 R7 中的内容传送到片内
                    RAM23H 的地址单元中去
MOV 30H,@R1        ;机器代码 87 30,寄存器间接寻址,以 R1 中的内容为地址,再将该
                    地址中的内容传送到片内 RAM 的 30H 地址单元中去
```

【例 2-12】写出下列指令执行后的结果。

```
MOV 23H,#30H       ;(23H)=30H
MOV 12H,#34H       ;(12H)=34H
MOV R0,#23H        ;R0=23H
MOV R7,12H         ;R7=34H
MOV R1,#12H        ;R1=12H
MOV A,@R0          ;A=30H
MOV 34H,@R1        ;(34H)=34H
MOV 45H,34H        ;(45H)=34H
MOV DPTR,#6712H    ;DPTR=6712H
MOV 12H,DPH        ;(12H)=67H
MOV R0,DPL         ;R0=12H
MOV A,@R0          ;A=67H
```

2. 片外 RAM 数据传送指令

片外 RAM 数据传送指令(4 条)如表 2.11 所示。

表 2.11　片外 RAM 数据传送指令

汇编语言指令	机器语言指令	指令功能	目的操作数寻址方式	源操作数寻址方式
MOVX A,@Ri	1110 001i	A←((Ri))	寄存器寻址	寄存器间接寻址
MOVX A,@DPTR	1110 0000	A←((DPTR))	寄存器寻址	寄存器间接寻址
MOVX@Ri, A	1111 001i	(Ri)←(A)	寄存器间接寻址	寄存器寻址
MOVX@DPTR, A	1111 0000	(DPTR)←(A)	寄存器间接寻址	寄存器寻址

说明：

(1) 在 89C51 中，与外部 RAM 交互的只能是 A 累加器。所有需要送入外部 RAM 的数据必须要通过 A 送去，而所有要读入的外部 RAM 中的数据也必须通过 A 读入。

在此我们可以看出内外部 RAM 的区别了，内部 RAM 间可以直接进行数据的传递，而外部 RAM 则不行。例如，要将外部 RAM 中某一单元(设为 0100H 单元的数据)送入另一个单元(设为 0200H 单元)，也必须先将 0100H 单元中的内容读入 A，然后送到 0200H 单元中去。

(2) 要读或写外部 RAM，必须要知道 RAM 的地址，在指令中，地址可以被直接放在 DPTR 中；也可由 R*i*(即 R0 或 R1)提供低 8 位地址，高 8 位地址由 P2 口来提供。

(3) 使用时应先将要读或写的地址送入 DPTR 或 R*i* 中，然后用读写命令。

【例 2-13】将外部 RAM 中 0100H 单元中的内容送入外部 RAM 中 0200H 单元中。

```
MOV      DPTR,#0100H
MOVX     A,@DPTR
MOV      DPTR,#0200H
MOVX     @DPTR,A
```

【例 2-14】将立即数 67H 传送到片外 RAM 中 0100H 单元中，然后将片外 RAM 中 0100H 单元的数据送到片外 RAM 中 0300H 单元中。

```
ORG      00H
MOV      A,#67H
MOV      DPTR,#0100H
MOVX     @DPTR,A
MOVX     A,@DPTR
MOV      R0,#00H
MOV      P2,#03
MOVX     @R0,A
SJMP     $
END
```

3. ROM 数据传送指令

ROM 数据传送指令(2 条)如表 2.12 所示。

表 2.12　ROM 数据传送指令

汇编语言指令	机器语言指令	指令功能	目的操作数寻址方式	源操作数寻址方式
MOVC A,@A＋DPTR	1001 0011	A←((A)＋(DPTR))	寄存器寻址	直接寻址
MOVC A,@A＋PC	1000 0011	PC←(PC)＋1 A←((A)＋(PC))	寄存器寻址	直接寻址

本组指令也被称为查表指令，常用此指令来查一个已做好在 ROM 中的表格。

说明：查找到的结果被放在 A 中，因此，本条指令执行前后，A 中的值不一定相同。

【例 2-15】有一个数在 R0 中，要求用查表的方法确定它的平方值(此数的取值范围是 0～5)。

```
MOV      DPTR,#100H
MOV      A,R0
MOVC     A,@A+DPTR
...
```

```
ORG     0100H
DB      0,1,4,9,16,25
```

4. 堆栈操作指令

堆栈操作指令(2 条)如表 2.13 所示。

表 2.13　堆栈操作指令

汇编语言指令	机器语言指令	指令功能	操作数的寻址方式
PUSH direct	1100 0000	SP←(SP)+1	直接寻址
	direct	(SP)←(direct)	
POP direct	1101 0000	(direct)←((SP))	直接寻址
	direct	SP←(SP)-1	

【例 2-16】写出以下程序每条指令的运行结果并指出(SP)的值。设(SP)初值为 07H。

```
ORG  00H
MOV  20H,#17H        ;(SP)=07H,(20H)=17H
MOV  A,#36H          ;(SP)=07H,(A)=36H
PUSH 20H             ;(SP)=08H,(08H)=17H
PUSH ACC             ;(SP)=09H,(09H)=36H
POP  20H             ;(SP)=08H,(20H)=36H
POP  ACC             ;(SP)=07H,(A)=17H
SJMP $
END
```

5. 数据交换指令

(1) 半字节交换指令(2 条)如表 2.14 所示。

表 2.14　半字节交换指令

汇编语言指令	机器语言指令	指令功能	目的操作数寻址方式	源操作数寻址方式
SWAP A	1100 0100	(A3~A0) ↔ (A7~A4)	寄存器寻址(仅一个操作数)	
XCHD A,@Ri	1101011i	(A3~A0) ↔ (Ri3~R0)	寄存器寻址	寄存器间接寻址

(2) 字节交换指令(3 条)如表 2.15 所示。

表 2.15　字节交换指令

汇编语言指令	机器语言指令	指令功能	目的操作数寻址方式	源操作数寻址方式
XCH A,Rn	1100 1 nr	(A) ↔ (Rn)	寄存器寻址	寄存器寻址
XCH A,direct	1100 0101	(A) ↔ (direct)	寄存器寻址	直接寻址
	direct			
XCH A,@Ri	1100 011i	(A) ↔ (Ri)	寄存器寻址	间接寻址

【例 2-17】 指出执行下列程序段中每条指令后的结果。

```
        ORG     00H
        MOV     A,#23H      ;(A)=23H
        MOV     R5,#56H     ;(R5)=56H
        XCH     A,R5        ;(A)=56H,(R5)=23H
        SWAP A              ;(A)=65H
        SJMP $
        END
```

(二) 算术运算类指令

1. 加法指令

加法指令(4 条)如表 2.16 所示。

表 2.16 加法指令

汇编语言指令	机器语言指令	指令功能	目的操作数寻址方式	源操作数寻址方式
ADD A,Rn	0010 1iii	A←(A)+(Rn)	寄存器寻址	寄存器寻址
ADD A, direct	0010 0101 direct	A←(A)+(direct)	寄存器寻址	直接寻址
ADD A,@Ri	0010 011i	A←(A)+((Ri))	寄存器寻址	寄存器间接寻址
ADD A,#data	0010 0100 data	A←(A)+data	寄存器寻址	立即寻址

ADD 指令执行的结果将会影响 PSW 中的标志位 C、AC、OV。若相加时第 3 位或第 7 位有进位，则分别将 AC、C 标志位置为 1，否则为 0。

【例 2-18】 (A)=85H，(R0)=20H，(20H)=0AFH，执行指令

```
    ADD  A,@R0
```

运算过程：

$$
\begin{array}{r}
1\ 0\ 0\ 0\ 0\ 1\ 0\ 1 \\
+)\ 1\ 0\ 1\ 0\ 1\ 1\ 1\ 1 \\
\hline
1\ 0\ 0\ 1\ 1\ 0\ 1\ 0\ 0
\end{array}
$$

D3位向D4位有进位，AC=1

$C'_6=0$

$C'_7=1$

$C_7=1$

结果：(A)=34H；Cy=1，AC=1；OV=1。

【例2-19】注释下列程序中各指令的操作功能、结果及加法运算指令对标志位的影响。设 C＝0，AC＝0，OV＝0。

```
    ORG   00H
    MOV   27H,#18H      ;(27H)←18H,C=0,AC=0,OV=0
    MOV   R0,#12H       ;(R0)←12H,C=0,AC=0,OV=0
    MOV   A,27H         ;(A)←(27H),A=18H,C=0,AC=0,OV=0
    ADD   A,R0          ;(A)←(A)+(R0),(A)=2AH,C=0,AC=0,OV=0
    MOV   R1,#27H       ;(R1)←27H,C=0,AC=0,OV=0
    ADD   A,@R1         ;(A)←(A)+((R1)),(A)=42H,C=0,AC=1,OV=0
    SJMP  $
    END
```

2. 带进位的加法指令

带进位的加法指令(4 条)如表 2.17 所示。

表 2.17　带进位的加法指令

汇编语言指令	机器语言指令	指令功能	目的操作数寻址方式	源操作数寻址方式
ADDC A,Rn	0011 1iii	A←(A)+(Rn)+(C)	寄存器寻址	寄存器寻址
ADDC A, direct	0011 0101 direct	A←(A)+(direct)+(C)	寄存器寻址	直接寻址
ADDC A,@Ri	0011 011i	A←(A)+((Ri))+(C)	寄存器寻址	寄存器间接寻址
ADDC A,#data	0011 0100 data	A←(A)+data+(C)	寄存器寻址	立即寻址

【例2-20】(A)＝85H，(20H)＝0FFH，Cy＝1，执行指令：

```
    ADDC  A,20H
```

运算过程：

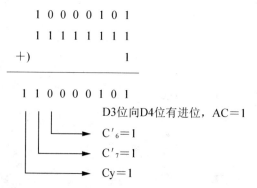

结果：(A)＝85(H)；Cy＝1，AC＝1，OV＝0。

【例 2-21】用符号标志法注释下列程序中各指令的操作功能、结果及带进位加法指令对标志位的影响。设 C＝1，AC＝0，OV＝0。

```
ORG     00H
MOV     A,#0F2H      ; (A) ←F2H, (A)=F2H, C=1,AC=0,OV=0
ADDC    A,#29H       ; (A) ←(A)+29H+C, (A)=1CH, C=1,AC=0,OV=0
MOV     30H,#29H     ; (30H) ←29H, (30H)=29H, C=1,AC=0,OV=0
ADDC    A,30H        ; (A) ←(A)+(30H)+C, (A)=46H, C=0,AC=1,OV=0
SJMP    $
END
```

3. 加 1 指令

加 1 指令(5 条)如表 2.18 所示。

表 2.18　加 1 指令

汇编语言指令	机器语言指令	指令功能	操作数寻址方式
INC A	0000 0100	A←(A)+1	寄存器寻址
INC Rn	0000 1nr	Rn←(Rn)+1	寄存器寻址
INC direct	0000 0101	direct←(direct)+1	直接寻址
	direct		
INC @Ri	0000 011i	Ri←((Ri))+1	寄存器间接寻址
INC DPTR	1010 0011	DPTR←(DPTR)+1	寄存器寻址

加 1 指令不影响 PSW 中的标志位 C、AC、OV。

【例 2-22】用符号标志法注释下列程序各指令的操作功能，并标出机器代码、结果及对标志位的情况。设 C＝0，AC＝0，OV＝0。

```
ORG 00H
MOV     R0,#0FDH        ;机器代码 78 FD,(R0)=FDH
MOV     DPTR,#0FFFFH    ;机器代码 90 FF FF,(DPTR)=FFFFH
INC     R0              ;机器代码 08,(R0) ← (R0)+1,(R0)=FEH, C=0,
                          AC=0,OV=0
INC     00H             ;机器代码 05 00,(00H)←(00H)+1,(00H)=FFH, C=0,
                          AC=0,OV=0
INC     R0              ;机器代码 08,(R0) ← (R0)+1,(R0)=00H, C=0,
                          AC=0,OV=0
INC     DPTR            ;机器代码 A3(DPTR) ←(DPTR)+1,(DPTR)=0000H, C=0,
                          AC=0,OV=0
SJMP    $
END
```

4. 带借位减法指令

带借位减法指令(4 条)如表 2.19 所示。

表 2.19　带借位的减法指令

汇编语言指令	机器语言指令	指令功能	目的操作数寻址方式	源操作数寻址方式
SUBB A,Rn	1001 1iii	A←(A)−(Rn)−(C)	寄存器寻址	寄存器寻址
SUBB A, direct	1001 0101 direct	A←(A)−(direct)−(C)	寄存器寻址	直接寻址
SUBB A,@Ri	1001 011i	A←(A)−((Ri))−(C)	寄存器寻址	寄存器间接寻址
SUBB A,#data	1001 0100 data	A←(A)−data−(C)	寄存器寻址	立即寻址

减法指令影响 PSW 中的标志位 C、AC、OV。

5. 减 1 指令

减 1 指令(4 条)如表 2.20 所示。

表 2.20　减 1 指令

汇编语言指令	机器语言指令	指令功能	操作数寻址方式
DEC A	0001 0100	A←(A)−1	寄存器寻址
DEC Rn	0001 1nr	Rn←(Rn)−1	寄存器寻址
DEC direct	0001 0101 direct	direct←(direct)−1	直接寻址
DEC @Ri	0001 011i	Ri←((Ri))−1	寄存器间接寻址

减 1 指令不影响 PSW 中的标志位 C、AC、OV。

【例 2-23】用符号标志法注释下列程序各指令的操作功能，并标出机器代码、结果及标志位的情况。设 C=0，AC=0，OV=0。

```
     ORG    00H
     MOV    R1,#00H
     MOV    R0,#0FFH
     DEC    @R1 ;机器代码17,((R1))←((R1))-1,R0=FEH ,C=0,AC=0,OV=0
     DEC    R1  ;机器代码19,(R1)←(R1)-1,(R1)=FFH, C=0,AC=0,OV=0
     DEC    01H ;机器代码15 01,(01H)←(01H)-1,(01H)=FEH, C=0,AC=0,OV=0
     SJMP   $
     END
```

6. 十进制调整指令

十进制调整指令(1 条)如下：

```
            DA      A
```

用来对 BCD 码的加法运算结果进行修正。它紧跟在加法指令 ADD 和 ADDC 之后。

【例 2-24】 两个 BCD 码数相加的程序。

```
        ORG     00H
        MOV     A,# 59H     ;将 59H 传送到 A 中,表示的是 BCD 数 59
        MOV     B,#87H      ;将 87H 传送到 B 中,表示的是 BCD 数 87
        ADD     A,B         ;C=0,(A)=E0H,数 E0H 为二进制加法的结果,要得出正确的 BCD
                             码的和数,必须对结果进行十进制调整
        DA      A           ;调整后C=1,(A)=46H。C中的内容和A中的内容构成的数即是BCD
                             和数 59+87=146,可见 C 中内容表示 BCD 和数的百位
        SJMP    $
        END
```

7. 乘除法指令

乘除法指令(2 条)如表 2.21 所示。

表 2.21 乘除法指令

汇编语言指令	机器语言指令	指令功能	操作数寻址方式
MUL AB	1010 0100	BA←(A)×(B)	寄存器寻址
DIV AB	1000 0100	(A)/(B)	寄存器寻址

MUL 指令实现了 8 位无符号数的乘法操作,被乘数和乘数分别放在 A 和 B 中,执行后乘积为 16 位,低 8 位放在 A 中,高 8 位放在 B 中,标志位 C 清 0。若乘积大于 FFH,溢出标志 OV 置为 1,否则为 0。

DIV 指令实现了 8 位无符号数的除法操作,被除数和除数分别放在 A 和 B 中,执行后商放在 A 中,余数放在 B 中,标志位 C 清 0。当除数为 0 时,此时 OV 置为 1,表示溢出。

【例 2-25】 两个数相乘的程序。

```
        ORG     00H
        MOV     A,#5EH      ;(A)=5EH
        MOV     B,#8DH      ;(B)=8DH
        MUL     AB          ;(A)=C6H,(B)=33H,C=0,OV=1
        SJMP    $
        END
```

【例 2-26】 两个数相除的程序。

```
        ORG     00H
        SETB C              ;C=1
        MOV     A,#5EH      ;(A)=5EH
```

```
      MOV       B,#23H        ;(B)=23H
      DIV       AB            ;(A)=02H,(B)=18H,C=0,OV=0
      SJMP      $
      END
```

(三) 逻辑运算类指令

1. 逻辑与运算指令

逻辑与运算指令(6 条)如表 2.22 所示。

表 2.22　逻辑与运算指令

汇编语言指令	机器语言指令	指令功能	目的操作数寻址方式	源操作数寻址方式
ANL A，Rn	0101 1nr	A←(A)∧(Rn)	寄存器寻址	寄存器寻址
ANL A，direct	0101 0101 direct	A←(A)∧(direct)	寄存器寻址	直接寻址
ANL A，@Ri	0101 011i	A←(A)∧((Ri))	寄存器寻址	寄存器间接寻址
ANL A，#data	0101 0100 data	A←(A)∧(data)	寄存器寻址	立即寻址
ANL direct，A	0101 0010 direct	direct←(direct)∧(A)	直接寻址	寄存器寻址
ANL direct，#data	0101 0011 direct data	direct←(direct)∧data	直接寻址	立即寻址

【例 2-27】设(A)＝0AH,(30H)＝29H，执行"ANL A,30H"后结果为(A)＝08H，程序如下。

```
      ORG       00H
      MOV       A,#0AH
      MOV       30H,#29H
      ANL       A,30H         ;(A) ←(A) ∧(30H),(A)=08H
      SJMP      $
      END
```

2. 逻辑或运算指令

逻辑或运算指令(6 条)如表 2.23 所示。

表 2.23　逻辑或运算指令

汇编语言指令	机器语言指令	指令功能	目的操作数寻址方式	源操作数寻址方式
ORL A，Rn	0100 1nr	A←(A)∨(Rn)	寄存器寻址	寄存器寻址

续表

汇编语言指令	机器语言指令	指令功能	目的操作数寻址方式	源操作数寻址方式
ORL A，direct	0100 0101 direct	A←(A)∨(direct)	寄存器寻址	直接寻址
ORL A，@Ri	0100 011i	A←(A)∨((Ri))	寄存器寻址	寄存器间接寻址
ORL A，#data	0100 0100 data	A←(A)∨(data)	寄存器寻址	立即寻址
ORL direct，A	0100 0010 direct	direct←(direct)∨(A)	直接寻址	寄存器寻址
ORL direct，#data	0100 0011 direct data	direct←(direct)∨data	直接寻址	立即寻址

【例 2-28】设(A)＝0E8H,(30H)＝17H,执行指令 ORL A,R0 后 ,结果为(A)＝0FFH，程序如下。

```
ORG    00H
MOV    A,#0E8H
MOV    R0,#17H
ORL    A,R0        ;(A) ←(A)∨(R0),(A)=FFH
SJMP   $
END
```

3. 逻辑异或运算指令

逻辑异或运算指令(6 条)如表 2.24 所示。

表2.24　逻辑异或运算指令

汇编语言指令	机器语言指令	指令功能	目的操作数寻址方式	源操作数寻址方式
XRL A，Rn	0110 1 nr	A←(A)⊕(Rn)	寄存器寻址	寄存器寻址
XRL A，direct	0110 0101 direct	A←(A)⊕(direct)	寄存器寻址	直接寻址
XRL A，@Ri	0110 011i	A←(A)⊕((Ri))	寄存器寻址	寄存器间接寻址
XRL A，#data	0110 0100 data	A←(A)⊕(data)	寄存器寻址	立即寻址
XRL direct，A	0110 0010 direct	direct←(direct)⊕(A)	直接寻址	寄存器寻址
XRL direct，#data	0110 0011 direct data	direct←(direct)⊕data	直接寻址	立即寻址

【例2-29】设(A)＝0DEH,(R0)＝9BH,执行指令 XRL A,R0 后，结果为(A)＝45H，程序如下。

```
ORG      00H
MOV      A,#0DEH
MOV      R3,#9BH
XRL      A,R3    ;(A) ← (A) ⊕ (R3),(A)=45H
SJMP     $
END
```

4. 累加器清零、取反指令

累加器清零、取反指令(2 条)如表 2.25 所示。

表 2.25　累加器清零、取反指令

汇编语言指令	机器语言指令	指令功能	操作数寻址方式
CLR A	1110 0100	A←00H	寄存器寻址
CPL A	1111 0100	A←(! A)	寄存器寻址

【例2-30】设(A)＝7FH,执行指令 CLR 后，结果为(A)＝0;接着再执行指令 CPL 后，结果为"(A)＝FFH"，程序如下。

```
ORG      00H
MOV      A,#7FH
CLR      A        ;(A) ←0,(A)=0
CPL      A        ;(A) ←(!A),(A)=FFH
SJMP     $
END
```

5. 循环移位指令

循环移位指令(4 条)如表 2.26 所示。

表 2.26　循环移位指令

汇编语言指令	机器语言指令	指令功能	操作数寻址方式
RL A	0010 0011	$(A(n+1)) \leftarrow (An);n=0\sim6;(A0) \leftarrow (A7)$	寄存器寻址
RR A	0000 0011	$(An) \leftarrow (A(n+1));n=0\sim6;(A7) \leftarrow (A0)$	寄存器寻址
RLC A	0011 0011	$(A(n+1)) \leftarrow (An);n=0\sim6;(A0) \leftarrow (C),(C) \leftarrow (A7)$	寄存器寻址
RRC A	0001 0011	$(An) \leftarrow (A(n+1));n=0\sim6;(A7) \leftarrow (C),(C) \leftarrow (A0)$	寄存器寻址

(四) 控制转移类指令

1. 无条件转移指令

无条件转移指令(4 条)如表 2.27 所示。

表 2.27　无条件转移指令

汇编语言指令	机器语言指令	指令功能
LJMP Addr16	0000 0010	(PC)← Addr15～Addr0
	Addr15～Addr0	
	Addr7～Addr0	
AJMP Addr11	a10a9a800001	(PC)=(PC)+2
	Addr7～Addr0	PC10～PC0 ←指令中的 Addr10～Addr0
SJMP rel	1000 0000	(PC)←(PC)+2
	rel	(PC)←(PC)+rel
JMP @A＋DPTR	0111 0011	(PC)←(A)＋(DPTR)

(1) 长跳转指令：

```
LJMP Addr16
```

执行这条指令时把指令的第二字节和第三字节分别装入 PC 的高位和低位字节中，无条件地转向指定地址。转移的目标地址可以在 64KB 程序存储器地址空间的任何地方，不影响任何标志。

【例 2-31】执行指令"LJMP　8100H"。

不管这条跳转指令存放在什么地方，执行时将程序转移到 8100H。

(2) 绝对转移指令：

```
AJMP Addr11
```

这是 2KB 范围内的无条件转跳指令，把程序的执行转移到指定的地址。该指令在运行时先将 PC＋2，然后通过把指令中的 a10～a0→(PC10～PC0)得到跳转目的地址(即 PC15PC14PC13PC12PC11a10a9a8a7a6a5a4a3a2a1a0)送入 PC。目标地址必须与 AJMP 后面一条指令的第一个字节在同一个 2KB 区域的存储器区内。指令的操作码与转移目标地址所在的页号有关。

【例 2-32】执行指令"KWR：　　　　AJMP　　　　Addr11"。

如果设 Addr11=00100000000B，标号为 KWR 的地址为 1030H，则执行该条指令后，程序将转移到 1100H。此时该指令的机器码为 21H，00H(a10a9a8=001，故指令第一字节为 21H)。

实际编程时，汇编语言指令 AJMP Addr11 中"Addr11"往往是代表绝对转移地址的标号或 ROM 中的某绝对转移的 16 位地址，经汇编后自动翻译成相对应的绝对转移机器代码。所以不要将"Addr11"理解成 11 位地址，而应理解为该指令的下一条指令地址的高 5 位所决定的页内的"绝对转移"地址。

(3) 相对转移(短跳转)指令：

```
SJMP  rel
```

这是无条件转跳指令，执行时在 PC 加 2 后，把指令中补码形式的偏移量值加到 PC 上，并计算出转向目标地址。因此，转向的目标地址可以在这条指令前 128B 到后 127B 之间。

该指令使用时很简单，程序执行到该指令时就跳转到标号 rel 处执行。

【例 2-33】执行指令"KRD：　　SJMP　rel"。

如果 KRD 标号值为 0100H(即 SJMP 这条指令的机器码存放于 0100H 和 0101H 这两个单元中)；如需要跳转到的目标地址为 0123H，则指令的第二个字节(相对偏移量)应为：rel＝0123H－0102H＝21H。

(4) 散转指令(间接长转移)：

```
JMP   @A+DPTR
```

这条指令的功能是把累加器中 8 位无符号数与数据指针 DPTR 中的 16 位数相加，将结果作为下条指令地址送入 PC，不改变累加器和数据指针内容，也不影响标志。利用这条指令能实现程序的散转。

【例 2-34】如果累加器 A 中存放待处理命令编号(0～7)，程序存储器中存放着标号为 PMTB 的转移表首址，则执行下面的程序，将根据 A 中命令编号转向相应的命令处理程序。

```
PM:    MOV    R1 ,A         ;A←(A)*3
       RL     A
       ADD    A,R1
       MOV    DPTR,#PMTB    ;转移表首址→DPTR
       JMP    @A+DPTR       ;据 A 值跳转到不同入口
PMTB:  LJMP   PM0           ;转向命令 0 处理入口
       LJMP   PM1           ;转向命令 1 处理入口
       LJMP   PM2           ;转向命令 2 处理入口
       LJMP   PM3           ;转向命令 3 处理入口
       LJMP   PM4           ;转向命令 4 处理入口
       LJMP   PM5           ;转向命令 5 处理入口
       LJMP   PM6           ;转向命令 6 处理入口
       LJMP   PM7           ;转向命令 7 处理入口
```

2. 条件转移指令

条件转移指令(4 条)是依某种特定条件转移的指令。条件满足时转移(相当于一条相对转移指令)，条件不满足时则顺序执行下面的指令。目的地址在下一条指令的起始地址为中心的 256B 范围中(－128～＋127)。当条件满足时，先把 PC 加到指向下一条指令的第一个字节地址，再把有符号的相对偏移量加到 PC 上，计算出转向地址。

(1) 累加器 A 判零转移指令，如表 2.28 所示。

表 2.28 累加器 A 判零转移指令

汇编语言指令	机器语言指令	指令功能
JZ rel	0110 0000	若(A)=0，则 PC←(PC)+2+相对地址
	rel	若(A)≠0，则 PC←(PC)+2
JNZ rel	0111 0000	若(A)≠0，则 PC←(PC)+2+相对地址
	rel	若(A)=0，则 PC←(PC)+2

【例 2-35】给定 R0 中的内容后再执行下列程序，分析程序运行过程及结果。

```
        ORG     00H
        MOV     A,R0
        JZ      L1          ;(A)=0 转 L1
        MOV     R1,#00H
        AJMP    L2
L1:     MOV     R1,#0FFH
L2:     SJMP    L2
        END
```

若在执行程序前(R0)=0，则转到 L1 执行，结果(R1)=0FFH；

若在执行程序前(R0)≠0，则顺序执行，结果(R1)=00H。

(2) 比较条件转移指令如表 2.29 所示。

表 2.29 比较条件转移指令

汇编语言指令	机器语言指令	指令功能
CJNE A,#data，rel	1011 0100	若(A)≠data，则 PC←(PC)+3+相对地址
	data	若(A)=data，则 PC←(PC)+3
	rel	
CJNE A,direct，rel	1011 0101	若(A)≠direct，则 PC←(PC)+3+相对地址
	data	若(A)=direct，则 PC←(PC)+3
	rel	
CJNE Rn,#data，rel	1011 1nr	若(Rn)≠data，则 PC←(PC)+3+相对地址
	data	若(Rn)=data，则 PC←(PC)+3
	rel	
CJNE @Ri,#data，rel	1011 011i	若((Ri))≠data，则 PC←(PC)+3+相对地址
	data	若((Ri))=data，则 PC←(PC)+3
	rel	

这组指令的功能是比较前面两个操作数的大小。如果它们的值不相等则转移。在 PC 加到下一条指令的起始地址后，通过把指令最后一个字节的有符号的相对偏移量加到 PC 上，并计算出转向地址。若第一个操作数(无符号整数)小于第二个操作数，则进位标志 Cy 置 1，否则 Cy 清 0。不影响任何一个操作数的内容。

操作数有寄存器寻址、直接寻址、寄存器间接寻址和立即寻址等方式。

指令使用起来很简单，就是将两个操作数比较，不相等就跳到标号 rel 处执行，相等就执行下一条指令。

(3) 循环转移指令如表 2.30 所示。

表 2.30　循环转移指令

汇编语言指令	机器语言指令	指令功能
DJNZ Rn，rel	1101 1nr	$(Rn)\leftarrow(Rn)-1$，n＝0～7
	rel	若$(Rn)\neq0$，则 $PC\leftarrow(PC)+2+$相对地址
		若$(Rn)=0$，则 $PC\leftarrow(PC)+2$
DJNZ direct，rel	1101 0101	$(direct)\leftarrow(direct)-1$
	direct	若$(direct)\neq0$，则 $PC\leftarrow(PC)+3$ 相对地址
	rel	若$(direct)=0$，则 $PC\leftarrow(PC)+3$

3. 子程序调用和返回指令

子程序调用和返回指令(4 条)如表 2.31 所示。

表 2.31　子程序调用和返回指令

汇编语言指令	机器语言指令	指令功能
ACALL Addr11	a10a9a8 10001	$(PC)\leftarrow(PC)+2$
	Addr7～Addr0	$(SP)\leftarrow(SP)+1,((SP))\leftarrow(PC7\sim PC0)$
		$(SP)\leftarrow(SP)+1,((SP))\leftarrow(PC15\sim PC8)$
		$(PC10\sim PC0)\leftarrow Addr11$
LCALL Addr16	0001 0010	$PC\leftarrow(PC)+3$
	Addr15～Addr8	$(SP)\leftarrow(SP)+1,((SP))\leftarrow(PC7\sim PC0)$
	Addr7～Addr0	$(SP)\leftarrow(SP)+1,((SP))\leftarrow(PC15\sim PC8)$
		$(PC15\sim PC0)\leftarrow Addr16$
RET	0010 0010	$(PC15\sim PC8)\leftarrow((SP)),(SP)\leftarrow(SP)-1$
		$(PC7\sim PC0)\leftarrow((SP)),(SP)\leftarrow(SP)-1$
RETI	0011 0010	$(PC15\sim PC8)\leftarrow((SP)),(SP)\leftarrow(SP)-1$
		$(PC7\sim PC0)\leftarrow((SP)),(SP)\leftarrow(SP)-1$

在程序设计中，常常把具有一定功能的公用程序段编制成子程序。当主程序转至子程序时用调用指令，而在子程序的最后安排一条返回指令，使执行完子程序后再返回到主程序。为保证正确返回，每次调用子程序时自动将下条指令地址保存到堆栈，返回时按先进后出原则再把地址弹出到 PC 中。

(1) 绝对调用指令

```
ACALL  Addr11
```

这条指令无条件地调用入口地址指定的子程序。指令执行时 PC 加 2，获得下条指令的地址，并把这 16 位地址压入堆栈，栈指针加 2。然后把指令中的 a10～a0 值送入 PC 中的 P10～P0 位，PC 的 P15～P11 不变，获得子程序的起始地址必须与 ACALL 后面一条指令的第一个字节在同一个 2KB 区域的存储器区内。指令的操作码与被调用的子程序的起始地址的页号有关。

在实际使用时，Addr11 可用标号代替，上述过程多由汇编程序去自动完成。

应该注意的是，该指令只能调用当前指令 2KB 范围内的子程序，这一点从调用过程也可发现。

【例 2-36】设(SP)＝60H，标号地址 HERE 为 0123H，子程序 SUB 的入口地址为 0345H，执行指令：

```
HERE:  ACALL  SUB1
```

结果：(SP)＝62H，堆栈区内(61H)＝25H，(62H)＝01H，(PC)＝0345H。

指令的机器码为 71H，45H。

(2) 长调用指令

```
LCALL  Addr16
```

这条指令执行时把 PC 内容加 3 获得下一条指令首地址，并把它压入堆栈(先低字节后高字节)，然后把指令的第二、第三字节(a15～a8，a7～a0)装入 PC 中，转去执行该地址开始的子程序。这条调用指令可以调用存放在存储器中 64KB 范围内任何地方的子程序。指令执行后不影响任何标志。

在使用该指令时 Addr16 一般采用标号形式，上述过程多由汇编程序去自动完成。

【例 2-37】设(SP)＝60H，标号地址 START 为 0200H，标号 MIR 为 3000H，执行指令：

```
START: LCALL  MIR
```

结果：(SP)＝62H，(61H)＝03H，(62H)＝02H，(PC)＝3000H。

(3) 子程序返回指令

```
RET
```

子程序返回指令是把栈顶相邻两个单元的内容弹出送到 PC，SP 的内容减 2，程序返回到 PC 值所指的指令处执行。RET 指令通常安排在子程序的末尾，使程序能从子程序返回到主程序。

【例 2-38】设(SP)＝12H，(62H)＝05H，(61H)＝00H，执行指令

```
RET
```

结果：(SP)＝10H，(PC)＝0500H，CPU 从 0500H 开始执行程序。

(4) 中断返回指令

```
RETI
```

这条指令的功能与 RET 指令相类似。通常安排在中断服务子程序的最后，它的应用在中断一节中讨论。

4. 空操作指令

空操作指令(1 条)如下。

```
NOP
```

机器代码：00，指令功能：(PC)←(PC)+1。

这是一条单字节单机器周期控制指令，常用来延时。

(五) 位操作指令

1. 位数据传送指令

位数据传送指令(2 条)如表 2.32 所示。

表 2.32　位数据传送指令

汇编语言指令	机器语言指令	指令功能	目的操作数寻址方式	源操作数寻址方式
MOV C,bit	1010 0010 bit	(Cy)←(bit)	寄存器寻址	直接寻址
MOV bit ,C	1001 0010 bit	(bit)←(Cy)	直接寻址	寄存器寻址

这组指令的功能是把由源操作数指出的布尔变量送到目的操作数指定的位中去。其中一个操作数必须为进位标志，另一个可以是任何直接寻址位，指令不影响其他寄存器和标志。

【例 2-39】

```
MOV  C,06H      ;Cy←(20H.6)
MOV  P1.0,C     ;P1.0←Cy
```

2. 位逻辑操作指令

位逻辑操作指令(6 条)如表 2.33 所示。

表 2.33　位逻辑操作指令

汇编语言指令	机器语言指令	指令功能	目的操作数寻址方式	源操作数寻址方式
ANL C,bit	1000 0010 bit	(Cy) ← (Cy) ∧ (bit)	寄存器寻址	直接寻址

续表

汇编语言指令	机器语言指令	指令功能	目的操作数寻址方式	源操作数寻址方式
ANL C,/bit	1011 0000 bit	$(Cy) \leftarrow (Cy) \wedge \overline{(bit)}$	寄存器寻址	直接寻址
ORL C,bit	0111 0010 bit	$(Cy) \leftarrow (Cy) \vee (bit)$	寄存器寻址	直接寻址
ORL C,/bit	1010 0000 bit	$(Cy) \leftarrow (Cy) \vee \overline{(bit)}$	寄存器寻址	直接寻址
CPL C	1011 0011	$(Cy) \leftarrow \overline{(Cy)}$	寄存器寻址	
CPL bit	1011 0010 bit	$(bit) \leftarrow \overline{(bit)}$	直接寻址	

3. 位状态控制指令

位状态控制指令(4 条)如表 2.34 所示。

表 2.34 位状态控制指令

汇编语言指令	机器语言指令	指令功能	操作数寻址方式
CLR C	1100 0011	Cy←0	寄存器寻址
CLR bit	1100 0010 bit	Bit←0	直接寻址
SETB C	1101 0011	Cy←1	寄存器寻址
SETB bit	1101 0010 bit	Bit←1	直接寻址

这组指令将操作数指出的位清 0,取反,置 1,不影响其他标志。

【例 2-40】

```
CLR  C      ;Cy←0
CLR  27H    ;24H.7←0
CPL  08H    ;21H.0←(21H.0)
SETB P1.7   ; P1.7←1
```

4. 位条件转移指令

位条件转移指令(5 条)如表 2.35 所示。

表 2.35 位条件转移指令

汇编语言指令	机器语言指令	指令功能
JC rel	0100 0000	若(Cy)=1,则 PC←(PC)+2+rel
	rel	若(Cy)=0,则 PC←(PC)+2
JNC rel	0101 0000	若(Cy)=0,则 PC←(PC)+2+rel
	rel	若(Cy)=1,则 PC←(PC)+2

续表

汇编语言指令	机器语言指令	指令功能
JB bit，rel	0010 0000	若(bit)＝1，则 PC←(PC)＋3＋rel
	bit	若(bit)＝0，则 PC←(PC)＋3
	rel	
JNB bit，rel	0011 0000	若(bit)＝0，则 PC←(PC)＋3＋rel
	bit	若(bit)＝1，则 PC←(PC)＋3
	rel	
JBC bit，rel	0001 0000	若(bit)＝0，则 PC←(PC)＋3
	bit	若(bit)＝1，则 PC←(PC)＋3＋rel
	rel	且 bit←0

任务实施

一、任务实施分析

1. 写出每条指令执行后的结果及寻址方式。

```
ORG    00H
MOV    A,#56H
MOV    R0,#68H
MOV    68H,#40H
MOV    @R0,#50H
MOV    A,68H
MOV    R1,68H
MOV    12H,68H
MOV    @R1,12H
MOV    A,@R0
MOV    34H,@R1
MOV    DPTR,#6712H
MOV    12H,DPH
MOV    R0,DPL
MOV    A,@R0
MOV    @R0,A
MOV    A,R0
SJMP   $
END
```

2. 写出下列程序的运行后完成的功能。

```
ORG    00H
MOV    A,#39H
MOV    DPTR,#2000H
MOVX   @DPTR,A
```

```
        MOVX    A,@DPTR
        MOV     R0,#50H
        MOV     P2,#03H
        MOVX    @R0,A
        SJMP    $
        END
```

```
        ORG     00H
        MOV     50H,#1AH
        MOV     A,#23H
        PUSH    50H
        PUSH    ACC
        POP     50H
        POP     ACC
        SJMP    $
        END
```

```
        ORG     00H
        MOV     A,#57H
        MOV     R5,#9DH
        XCH     A,R5
        SJMP    $
        END
```

```
        ORG     00H
        MOV     34H,#3FH
        MOV     R0,#52H
        MOV     A,34H
        ADD     A,R0
        MOV     R1,#34H
        ADD     A,@R1
        SJMP    $
        END
```

3. 完成以下的数据传送过程。

(1) R1 的内容送 R0。

(2) 片外 RAM 20H 单元的内容送 R0。

(3) 片外 RAM 20H 单元的内容送片内 RAM 20H。

(4) 片外 RAM 1000H 单元的内容送片内 RAM 20H。

(5) 片外 RAM 20H 单元的内容送 R0。

(6) 片外 RAM 2000H 单元的内容送片内 RAM 20H。

(7) 片外 RAM 20H 单元的内容送片外 RAM 20H。

(8) 片内 ROM 01H 单元的内容送到片外 RAM 20H。

二、学习状态反馈

1. 单片机指令系统按功能可分为几类？具有几种寻址方式？它们的寻址范围如何？

2. 访问特殊功能寄存器和外部数据存储器应采用哪种寻址方式？

3. "DA　A" 指令的作用是什么？怎样使用？

4. 片内 RAM 20H~2FH 单元中的 128 个位地址与直接地址 00H~7FH 形式完全相同，如何在指令中区分出位寻址操作和直接寻址操作？

5. SJMP、AJMP 和 LJMP 指令在功能上有何不同？

6. "MOVC　A，@DPTR" 与 "MOVX　A，@DPTR" 指令有何不同？

7. 在 "MOVC　A，@A＋DPTR" 和 "MOVC　A，@A＋PC" 中，分别使用了 DPTR 和 PC 做基址，请问这两个基址代表什么地址？使用中有何不同？

任务三　Keil 及应用

任务要求

掌握 Keil uVision 集成开发环境的基本使用方法。

相关知识

单片机集成开发环境

所有的计算机只能识别和执行二进制码，而不能识别我们熟知的语言，因此，对于已写好的单片机源程序汇编语言(或 C 语言)，必须翻译成单片机可识别的目标代码，然后转载到单片机的程序存储器中进行调试，这种翻译工具称为编译器。

Keil uVision 是美国 Keil Software 公司出品的 51 系列兼容单片机的集成开发环境 (integrated develop environment，IDE)。Keil 软件提供丰富的库函数和功能强大的集成开发调试工具，全 Windows 界面。另外重要的一点是，编译后生成的汇编代码很紧凑，容易理解。

uVision for Windows 是一个标准的 Windows 应用程序，它是一个集成软件开发平台，具有源代码编辑、project 管理、集成的 make 等功能，它的人机界面友好，操作方便。

uVision 集成开发环境集成了一个项目管理器，一个功能丰富、有错误提示的编辑器，以及设置选项、生产工具、在线帮助等。利用 uVision 创建用户源代码并把它们组织到一个能确定用户目标应用的项目中去。uVision 自动编译、汇编，连接用户的嵌入式应用，并为用户的开发提供了环境。

(一) Keil C51 Windows 集成开发平台的使用

1. Keil C51 Windows 集成开发平台介绍

打开 Keil C51 文件，然后双击 setup.exe 进行安装，在提示选择 Eval 或 Full 方式时，选择 Eval 方式安装，有 2KB 大小的代码限制。选 Full 方式安装，代码量无限制。程序安装完成后桌面上会出现 Keil uVision 图标，双击该图标便可启动程序，启动后的程序如图 3.1 所示，主要由菜单栏、工具栏、源文件编辑窗口、工程窗口和输出窗口 5 部分组成。

工具栏为一组快捷工具图标，主要包括基本文件工具栏、建造工具栏和调试(DEBUG)工具栏，基本文件工具栏包括新建、打开、复制、粘贴等基本操作。建造工具栏主要包括文件编译、目标文件编译连接、所有目标文件编译连接、目标选项和一个目标选择窗口。调试工具栏位于最后，主要包括一些仿真调试源程序的基本操作，如单步、复位、全速运行等。在工具栏下面，默认有 3 个窗口。左边的工程窗口包含一个工程的目标(target)、组 (group)和项目文件。右边为源文件编辑窗口，编辑窗口实质上就是一个文件编辑器，可以在这里对源文件进行编辑、修改、粘贴等。下边为输出窗口，源文件编译之后的结果显示在输出窗口中，会出现通过或错误(包括错误类型及行号)的提示。若通过则可以生成 HEX格式的目标文件。用于仿真或烧录芯片 89C51 单片机软件 Keil C51 开发过程如下。

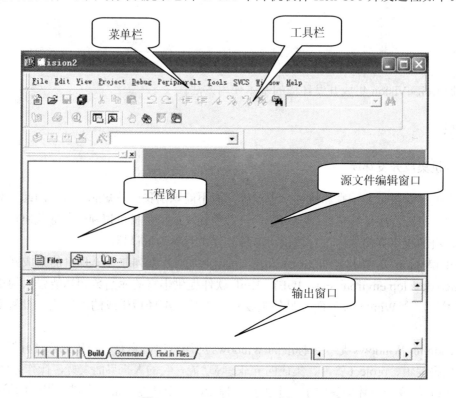

图 3.1　Keil uVision 启动后的界面

- 建立一个工程项目，选择芯片，确定选项；
- 建立汇编源文件或源文件；
- 用项目管理器生成各种应用文件；
- 检查并修改源文件中的错误；
- 编译连接通过后进行软件模拟仿真；
- 编译连接通过后进行硬件模拟仿真；
- 编程操作；
- 应用。

2.　导入需要仿真的程序

把 ASM 格式文件导入 Keil 中及编译的操作过程如下。

(1)　建立一个工程项目

如图 3.2 所示，在菜单栏中选择"Project"工程→"New Project"(新工程)选项，屏幕显示如图 3.3 所示。在文件名中输入一个项目名"信号灯"，选择保存路径，单击"保存"按钮。

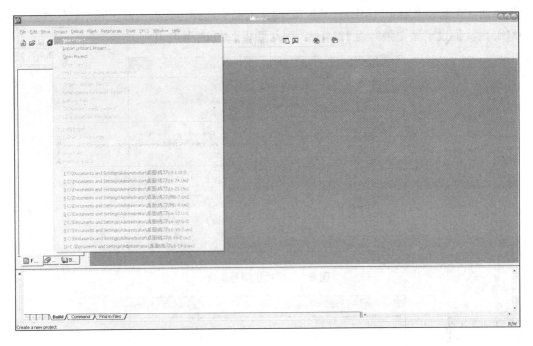

图 3.2　新建一个工程项目

(2) 选择单片机型号

在弹出的"Select Device for Target'Target1'"(为目标 Target 选择设备)对话框(图 3.4)中，选择用于工程的某型号单片机，单击"Atmel"选择"89C51"单片机后单击"确定"按钮，如图 3.5 所示。

图 3.3　新建工程

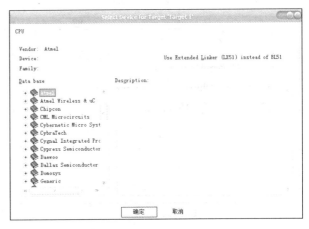

图 3.4　要求选择单片机

有时可能会弹出提示栏"Copy Standard 8051 Startup Code to Project Folder and File to Project？"(复制标准的 8051 启动代码到项目文件夹中并将文件添加到项目？)，单击"否"按钮即可。

(3) 工程目标选项设置

在菜单栏中选择"Project"→"Options for Target'Target1'"选项，出现如图 3.6 所

示的界面，在晶体"Xtal"(MHz)(晶振频率)文本框中选择仿真器的晶振频率，软件默认为24MHz，我们设定晶振频率为12MHz，因此要将24.0改为12.0。

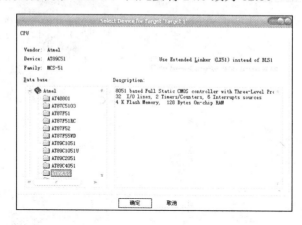

图 3.5　单片机型号选择

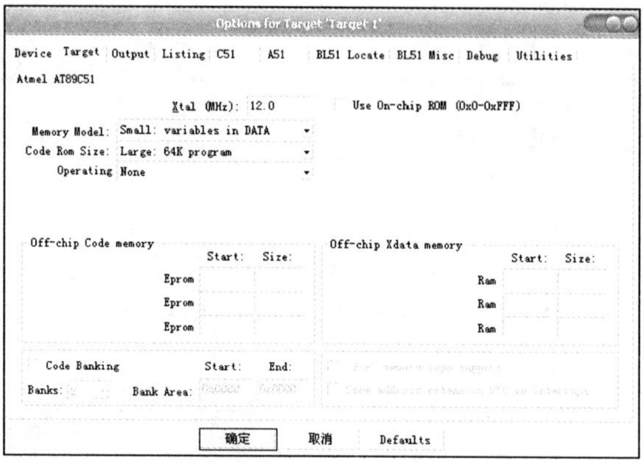

图 3.6　Options for Target

然后单击"Output"选项卡，勾选"Creat HEX File"(建立HEX格式文件)复选框，表示设置输出格式为HEX，如图3.7所示。其他采用默认设置，然后单击"确定"按钮。

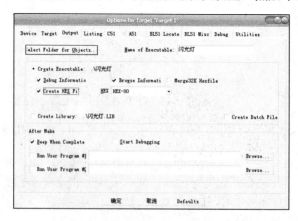

图 3.7　Output 界面

接下来单击"Debug(调试)"选项卡，默认为"Use Simulator"(使用软件仿真器)，本项目只用到软件仿真器，所以保持默认设置，如图 3.8 所示。

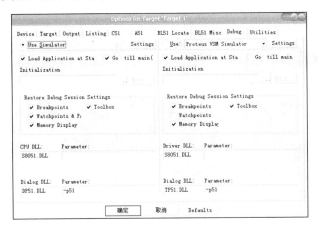

图 3.8 Debug 界面

(4) 建立源程序文件并存盘

在菜单栏中选择"File"(文件)→"New"(新建)选项，然后在编辑窗口中输入源程序，如图 3.9 所示。编辑、检查无误后，单击工具栏中的"保存"按钮，弹出"Save As"(另存为)对话框。选择保存路径，在"文件名"文本框中输入源程序文件名(注意要加.ASM 扩展名)单击"保存"按钮，将源程序存入，如图 3.10 所示。

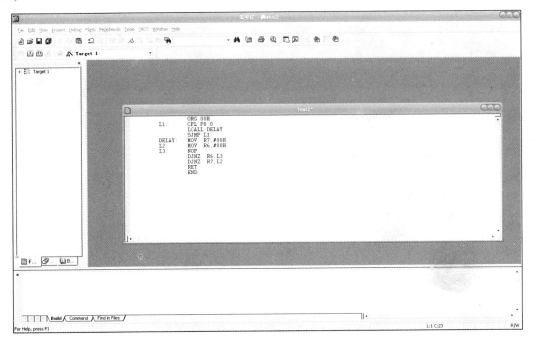

图 3.9 编辑源程序

(5) 将源程序文件添加到工程中

单击工程管理器中"Target1"前的"＋"号，选中"Source Group1"选项，右击，在弹出的快捷菜单中选择"Add Files to Source Group1"(增加文件到 Source Group1)选项，如图 3.11 所示，在增加的文件窗口中选择刚才以 ASM 格式编辑的文件 SGD.ASM，单击"Add"按钮，这时 SGD.ASM 文件便加入到 Source Group1 这个组里了，然后关闭此对话框窗口，如图 3.12 所示。

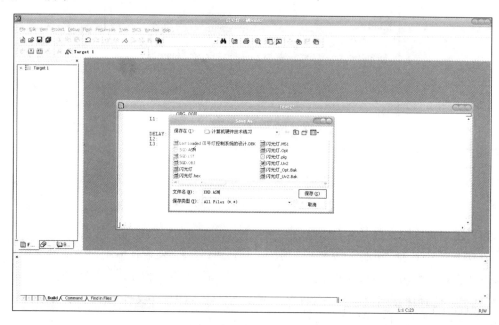

图 3.10　保存源程序界面

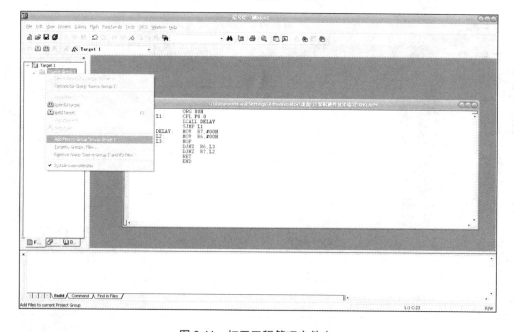

图 3.11　打开工程管理文件夹

(6) 源程序汇编

在菜单栏中选择"Project"(工程)→"Build target"(构造目标文件)或"Rebuild all target files"(重新构造所有目标文件)选择，进行源程序汇编。两者的含义如下。

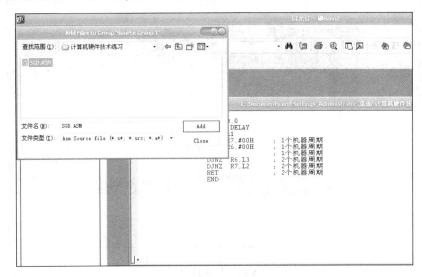

图 3.12　添加源程序文件

① 汇编/编译修改过的文件，生成目标代码文件*.HEX，并建立连接。

② 不管是否修改过，全部重新汇编/编译生成目标代码文件*.HEX，并建立连接。

汇编后弹出汇编信息窗口，如果源程序有误，则汇编信息输出窗口如图 3.13 所示，并提示错误。双击错误提示，系统可指出出错的地方，以便进行检查修改。如图中箭头所指程序行，错误原因为多了一个数字"7"；出现错误，可以根据输出窗口的提示修改源程序，直至汇编通过为止，汇编通过后将输出一个以.HEX 为扩展名的目标文件，如 XHD.HEX，如图 3.14 所示。

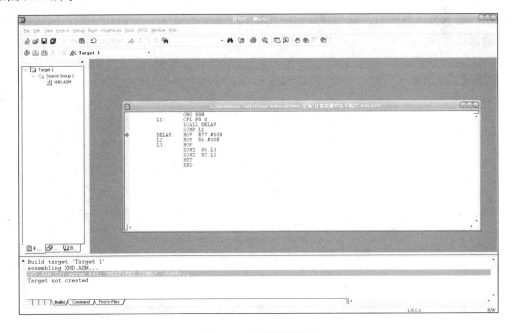

图 3.13　汇编出错界面

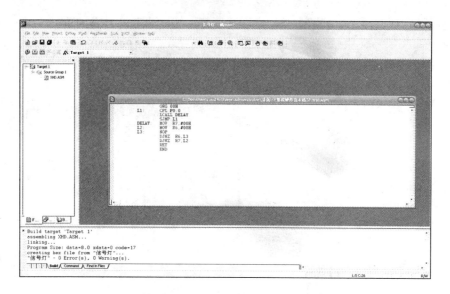

图 3.14　汇编成功界面

(二) Keil 程序调试

1. 程序调试时的常用窗口

Keil 软件在调试程序时提供了多个窗口，主要包括输出窗口(Output Windows)、观察窗口(Watch&Call Stack Windows)、存储器窗口(Memory Window)、反汇编窗口(Dissambly Window)、串行窗口(Serial Window)等。进入调试模式后，可以通过菜单"View"下的相应命令打开或关闭这些窗口。

如图 3.15 所示的是输出窗口、观察窗口、存储器窗口和反汇编窗口，各窗口的大小可以调整。进入调试程序后，输出窗口自动切换到 Command 页。该页用于输入调试命令和输出调试信息。

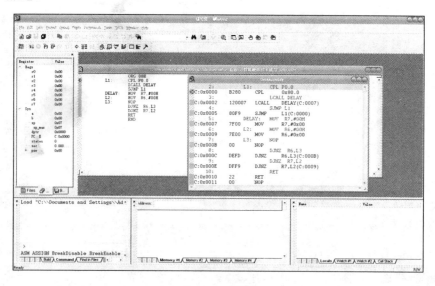

图 3.15　调试程序窗口

(1) 反汇编窗口

在反汇编窗口中可看到对应汇编语言程序行的机器代码(程序目标代码)及其在 ROM 中的安排，如图 3.16 所示。

(2) 存储器窗口

存储器窗口可以显示系统中各种内存中的值，通过在 Address 后的编辑框内输入"字母：数字"即可显示相应内存值。

字母 C：代码存储空间；

字母 D：直接寻址的片内存储空间；

字母 I：间接寻址的片内存储空间；

字母 X：扩展的外部 RAM 空间；

"数字"：想要查看的地址。

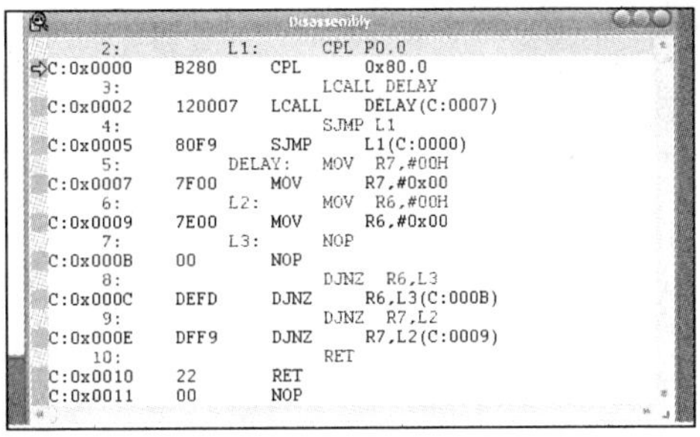

图 3.16 反汇编窗口

输入 C：0 即可显示从 0 开始的 ROM 单元中的值，即查看程序的二进制代码，如图 3.17 所示。

输入 D：0 即可观察到地址 0 开始的片内 RAM 单元值，如图 3.18 所示。

该窗口的显示值可以以各种形式显示，如十进制、十六进制、字符型等，改变显示方式的方法是右击，在弹出的快捷菜单中选择相应选项，该菜单用分隔条分成三部分。

第一部分的任一选项，内容将以整数形式显示；而选中第二部分的 Ascii 项，则将以字符型显示；选中 Float 项将相邻 4 字节组成浮点数形式显示；选中 Double 项，则将相邻 8B 组成双精度形式显示。

第一部分又有多个选择项，其中 Decimal 项是一个开关，若选中该项，则窗口中的值将以十进制的形式显示，否则按默认的十六进制方式显示。Unsigned 和 Signed 后分别有三个选项：Char、Int、Long，分别代表以单字节方式显示、将相邻双字节组成整型数方式。右键可以修改指定空间的内容，在"间格处"右击即可。

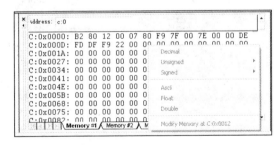

图 3.17 代码存储器窗口

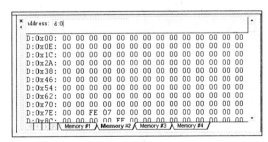

图 3.18 直接寻址的片内存储器窗口

(3) 工程窗口寄存器

图 3.19 是工程窗口寄存器页的内容，寄存器页包括了当前的工作寄存器组和系统寄存器组。系统寄存器组有一些是实际存在的寄存器，如 A、B、DPTR、SP、PSW 等；有一些是实际中并不存在或虽然存在却不能对其操作的，如 PC、Status 等。每当程序中执行到对某寄存器的操作时，该寄存器会以反色(蓝底白字)显示，单击然后按 F2 键，即可修改该值。

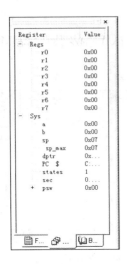

图 3.19　工程窗口寄存器

(4) 观察窗口

观察窗口是很重要的一个窗口,工程窗口中仅可以观察到工作寄存器和有限的寄存器,如 A、B、DPTR 等,如果需要观察其他寄存器的值或者在高级语言编程时需要直接观察变量,就要借助于观察窗口了。

2. 程序调试

(1) 复位

单击调试工具栏中的 按钮,即可实现复位。这时黄色的箭头指向程序的第一条指令(本例中为 CPL P0.0)。打开 Memory#1,就可观察片内 RAM 中对应的 P0、SP、P1、P2、P3 等的地址 0x80、0x81、0x90、0xA0、0xB0,它们的复位值分别为 0xFF、0x07、0xFF、0xFF、0xFF,如图 3.20 所示。

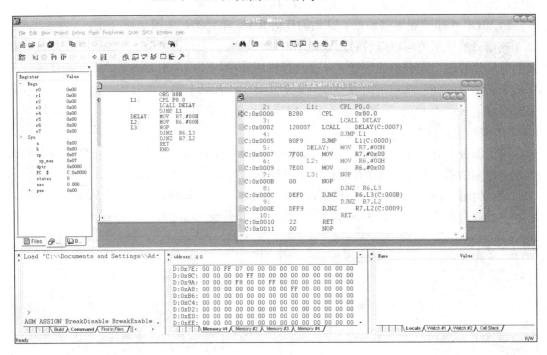

图 3.20　复位窗口

(2) 全速运行

单击调试工具栏中的 按钮,或按快捷键 F5,则可以全速执行程序,暂停工具按钮由灰色变为红色,即在不间断地执行程序指令。此时,执行速度快,并且可观察程序执行的整体效果。但程序中有错,则难以确认错误出于何处。

本例若全速运行,则反复运行 CPL P0.0。只有单击"暂停"工具按钮 才能中止运行。这时,暂停工具按钮由红色变为灰色。从图 3.21 可以看到这时的运行结果。

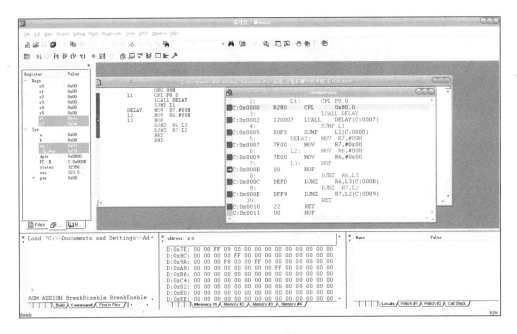

图 3.21　暂停窗口

(3) 单步运行

单击调试工具栏中的按钮，或按快捷键 F11，则单步执行程序。每单击一次按钮，则执行一行程序(即一条指令)便停止。相应的黄色箭头也移到程序的下一行，此时可观察运行该行程序的结果是否与预期结果一致；若不一致，也可以较容易地检查出问题所在。所以，单步运行在调试中很重要。

本例复位后若单步运行，则可以观察每步的运行结果。

(4) 观察时间和延时时间调试

单击工具栏中的 按钮，进入运行调试状态。复位后单击调试工具栏中 按钮(过程单步)，则运行第一条指令 CPL P0.0，如图 3.22 所示，但再次单击调试工具栏中的 按钮，可发现运行调用子程序指令 LCALL DELAY，从标号 DELAY 开始到 RET 为子程序，整个子程序为一个过程，"过程单步"运行的是"将子程序这个过程当成单步"来完成。所以运行后是执行完子程序的所有指令后返回停止到下一条指令的，如图 3.23 所示。从工程管理窗口的寄存器列表中可看到以秒为单位的运行时间"sec＝0.19738200"，近似为 200ms。还观察到整个子程序的机器周期数为"states＝197382"。

(5) 观察堆栈寄存器

单步运行程序，当执行到 LCALL DELAY 指令时，这时工程管理窗口中堆栈指针寄存器 SP 由 7 变为 9，表示已将主程序中调用指令的下一条指令地址自动压入堆栈中，这时片内 RAM 堆栈区的 0x08 单元中的内容是 00H，0x09 单元中的内容是 05H。每单击一次按钮，运行子程序中的一条指令。机器周期数与执行时间均在增加，机器周期数与执行时间都是从程序开始运行累计的数目。若要退出子程序，可单击 按钮，跳出子程序，这时工程管理窗口中堆栈指针寄存器 SP 由 9 变为 7，表示压入堆栈的地址已弹到 PC 中了，可看到 PC 的内容为 0005H。

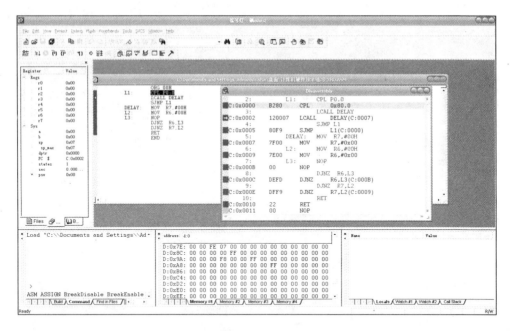

图 3.22　过程窗口

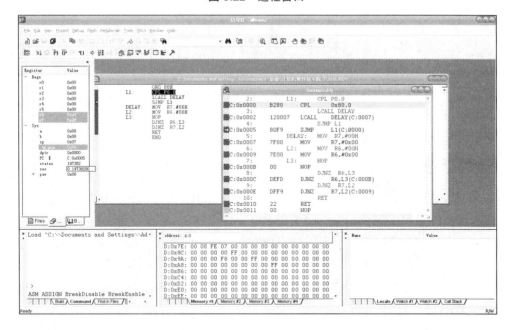

图 3.23　过程及延时窗口

任务实施

一、任务实施要求

(一) 任务设备要求

装有 Keil C51 uVision2 集成开发环境的计算机。

（二）任务实施步骤

1. 打开计算机，进入 Keil 开发环境。

2. 新建一个项目，并将该项目建立在指定的文件下。

3. 新建一个文件，存储器的路径与新建的项目相同。

4. 将新建的文件添加到项目中，保存项目，观察项目窗口和编辑窗口的内容。

5. 在编辑窗口编辑程序。

6. 对程序进行汇编，观察信息窗口的信息，如果正确，执行下一步；否则检查修改程序错误，重新汇编。

7. 生成目标代码，观察消息窗口的信息，如果正确，执行下一步；否则检查修改程序错误，重新生成目标代码。

8. 打开输出窗口、观察窗口、存储器窗口和反汇编窗口。

9. 单步运行程序，在计算机上观察相关寄存器和存储器内容的变化，并记录下来。

10. 全速运行程序，观察调试环境的变化，观察相关寄存器和存储器的结果，分析原因。

11. 操作流程如图 3.24 所示。

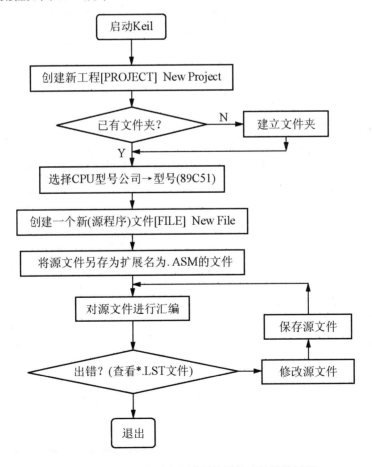

图 3.24　由源程序到十六进制机器代码的操作过程

二、学习状态反馈

1. 汇编生成目标代码

程序如表 3.1 所示，按以上步骤编辑程序，对程序进行汇编，观察信息窗口的信息，若出现错误，则检查修改程序，重新汇编，直到汇编正确。将 ROM 地址和二进制代码填入表中。

表 3.1　机器码表

ROM 地址	代码	行号	标号	汇编(伪)指令	注释
		1		ORG　　0000H	
		2		LJMP　　START	
		3		ORG　　0100H	
		4	START:	MOV　R0, #78H	; (R0)←78H
		5		MOV　R1, #65H	; (R1)←65H
		6		SIMP　　$	
		7		END	

2. 存储器窗口观察

(1) 片内 RAM 工作寄存器区的观察与修改

● 内部 RAM 工作寄存器区地址为 00H~1FH。

● 打开寄存器窗口、RAM 窗口和 SFR 窗口观察。

● 把观察结果填入表 3.2。

● 在 RAM 区直接修改 00H 和 01H 单元内容为 23H、99H，观察并记录寄存器 R0,R1 的变化，说明原因。

● 在 "MOV　R0, #78H" 指令前加入两条指令，观察变化情况，填入表 3.3。

表 3.2　寄存器窗口和 RAM 窗口内容观察结果

程序	寄存器窗口		RAM 窗口		SFR 窗口	
	执行前	执行后	执行前	执行后	执行前	执行后
ORG　　0000H					(PC)=	(PC)=
START: MOV　R0, #78H	(R0)= (R1)=	(R0)= (R1)=	(00H)= (01H)=	(00H)= (01H)=	(PC)=	(PC)=
MOV　R1, #65H	(R0)= (R1)=	(R0)= (R1)=	(00H)= (01H)=	(00H)= (01H)=	(PC)=	(PC)=
SIMP　　$					(PC)=	(PC)=
END						

表 3.3　工作寄存器区观察结果

程序	寄存器窗口		RAM 窗口			
	执行前	执行后	执行前	执行后	执行前	执行后
START：CLR　RS0	(R0)= (R1)=	(R0)= (R1)=	(00H)= (01H)=	(00H)= (01H)=	(10H)= (11H)=	(10H)= (11H)=
SETB　RS1	(R0)= (R1)=	(R0)= (R1)=	(00H)= (01H)=	(00H)= (01H)=	(10H)= (11H)=	(10H)= (11H)=
MOV　R0，#45H	(R0)= (R1)=	(R0)= (R1)=	(00H)= (01H)=	(00H)= (01H)=	(10H)= (11H)=	(10H)= (11H)=
MOV　R1，#67H	(R0)= (R1)=	(R0)= (R1)=	(00H)= (01H)=	(00H)= (01H)=	(10H)= (11H)=	(10H)= (11H)=
SJMP　$						

(2) 内部 RAM 位寻址区的观察结果与内容修改

内部 RAM 位寻址区的地址为 20H~2FH。程序如表 3.4 所示，按以上步骤编辑程序，对程序进行汇编，观察信息窗口的信息，若出现错误，则检查修改程序，重新汇编，直到汇编正确。

- 打开寄存器窗口、RAM 窗口和 SFR 窗口观察。
- 观察结果，将结果填入表 3.4 中。
- 执行"MOV　R0, 20H"前，将 RAM 窗口直接将 20H 单元内容修改为 05H，在执行该指令，结果怎样？

表 3.4　位寻址观察结果

程序	RAM 区预期结果	RAM 区实际观察结果		寻址方式	
		执行前	执行后	目的操作数	源操作数
ORG　　0000H					
START：MOV　20H，#50H	(20H)=	(20H)=	(20H)=		
MOV　21H，#0FFH	(21H)=	(21H)=	(21H)=		
SETB　20H.1	(20H)=	(20H)=	(20H)=		
CLR　20H.1	(20H)=	(20H)=	(20H)=		
SETB　01H	(20H)=	(20H)=	(20H)=		
CLR　01H	(20H)=	(20H)=	(20H)=		
SETB　20H.6	(20H)=	(20H)=	(20H)=		
CLR　20H.6	(20H)=	(20H)=	(20H)=		
SETB　06H	(20H)=	(20H)=	(20H)=		
CLR　06H	(20H)=	(20H)=	(20H)=		
SETB　21H.7	(21H)=	(21H)=	(21H)=		
CLR　21H.7	(21H)=	(21H)=	(21H)=		
SETB　0FH	(21H)=	(21H)=	(21H)=		

续表

程序	RAM 区预期结果	RAM 区实际观察结果		寻址方式	
		执行前	执行后	目的操作数	源操作数
CLR 0FH	(21H)=	(21H)=	(21H)=		
MOV R0, 20H	(R0)=	(R0)=	(R0)=		
SJMP $					
END					

(3) 直接寻址与寄存器间接寻址的观察与修改

程序如表 3.5 所示,按以上步骤编辑程序,对程序进行汇编,观察信息窗口的信息,若出现错误,则检查修改程序,重新汇编,直到汇编正确。

- 打开 RAM 窗口,观察执行前和单步执行后的结果。如果预期结果和实际执行后不一致,分析原因,体会直接寻址和间接寻址方法。
- 在程序中添加指令,将数 7AH 送入地址为 60H 的 RAM 单元中,要求用直接寻址和间接寻址两种方法,并进行调试,验证程序的正确性。

表 3.5 直接和寄存器间接寻址观察结果

程序	预期结果	实际观察结果		寻址方式	
		执行前	执行后	目的操作数	源操作数
ORG 0000H					
LJMP START					
ORG 0100H					
START: MOV 30H, #00H	(30H)=	(30H)=	(30H)=		
MOV 30H, #65H	(30H)=	(30H)=	(30H)=		
MOV R0, #30H	(R0)=	(R0)=	(R0)=		
MOV @R0, #00H	(30H)=	(30H)=	(30H)=		
MOV @R0, #56H	(R0)=	(R0)=	(R0)=		
	(30H)=	(30H)=	(30H)=		
MOV 7FH, #5FH	(7FH)=	(7FH)=	(7FH)=		
MOV R0, #7FH	(R0)=	(R0)=	(R0)=		
MOV @R0, #55H	(7FH)=	(7FH)=	(7FH)=		
SJMP $					
END					

(4) 特殊功能寄存器区的观察与内容修改

特殊功能寄存器区的地址是 80H～0FFH。程序如表 3.6 所示,按以上步骤编辑程序,对程序进行汇编,观察信息窗口的信息,若出现错误,则检查修改程序,重新汇编,直到汇编正确。

- 打开 RAM 窗口、寄存器窗口,观察每条指令执行前和单步执行后的结果。如果预期结果和实际执行后不一致,分析原因,体会直接寻址和间接寻址方法。

- 执行加法指令后，PSW 各个位的变化规律是否掌握？
- 是否所有指令都影响 PSW 的 C、AC、OV、P？
- 在程序中添加写指令"MOV 0E0H，#7DH"和"MOV R0，#0E0H"、"MOV @R0，#7DH"，判断这两组指令的执行结果有何不同。

表 3.6　SFR 观察结果

程序	预期结果		执行后结果		寻址方式	
	SFR 区	RAM 区	SFR 区	RAM 区	目的操作数	源操作数
ORG　0000H						
LJMP　START						
ORG　0100H						
START：MOV A，#78H	(A)＝ (PSW)＝	(0E0H)＝ (0D0H)＝	(A)＝ (PSW)＝	(0E0H)＝ (0D0H)＝		
MOV　0E0H，#8DH	(A)＝ (PSW)＝	(0E0H)＝ (0D0H)＝	(A)＝ (PSW)＝	(0E0H)＝ (0D0H)＝		
MOV　R0，#0E0H MOV　@R0，#36H	(R0)＝ (A)＝ (PSW)＝	(00H)＝ (0E0H)＝ (0D0H)＝	(R0)＝ (A)＝ (PSW)＝	(00H)＝ (0E0H)＝ (0D0H)＝		
MOV　B，#23H	(B)＝ (PSW)＝	(0F0H)＝ (0D0H)＝	(B)＝ (PSW)＝	(0F0H)＝ (0D0H)＝		
MOV　0F0H，#12H	(B)＝ (PSW)＝	(0F0H)＝ (0D0H)＝	(B)＝ (PSW)　＝	(0F0H)＝ (0D0H)＝		
MOV DPTR，#2345H	(DPTR)＝ (PSW)＝	(83H)＝ (82H)＝ (0D0H)＝	(DPTR)＝ (PSW)＝	(83H)＝ (82H)＝ (0D0H)＝		
MOV DPH，#15H	(DPH)＝ (PSW)＝	(83H)＝ (0D0H)＝	(DPH)＝ (PSW)＝	(83H)＝ (0D0H)＝		
MOV DPL，#16H	(DPL)＝ (PSW)＝	(82H)＝ (0D0H)＝	(DPL)＝ (PSW)＝	(82H)＝ (0D0H)＝		
MOV　A,#27H	(A)＝ (PSW)＝	(0E0H)＝ (0D0H)＝	(A)＝ (PSW)＝	(0E0H)＝ (0D0H)＝		
ADD　A，#0ADH	(A)＝ (PSW)＝	(0E0H)＝ (0D0H)＝	(A)＝ (PSW)＝	(0E0H)＝ (0D0H)＝		
SETB　ACC.6	(A)＝ (PSW)＝	(0E0H)＝ (0D0H)＝	(A)＝ (PSW)＝	(0E0H)＝ (0D0H)＝		
CLR　　ACC.5	(A)＝ (PSW)＝	(0E0H)＝ (0D0H)＝	(A)＝ (PSW)＝	(0E0H)＝ (0D0H)＝		
SJMP　$						
END						

(5) 外部 RAM 区(XRAM)的观察与内容修改

程序如表 3.6 所示，按以上步骤编辑程序，对程序进行汇编，观察信息窗口的信息，若出现错误，则检查修改程序，重新汇编，直到汇编正确。

- 将 XRAM 的 1001H 单元内容预置为 56H，写出每条指令执行后的预期结果。
- 观察指令执行前和单步执行后的实际结果并记录在表 3.7 中。

表 3.7　XRAM 区观察结果

程序	预期结果	执行后结果	寻址方式	
			目的操作数	源操作数
ORG　0000H				
LJMP　MAIN				
ORG　0100H				
MAIN：MOV A，#81H MOV DPTR，#1000H MOVX@DPTR，A_	(A)=	(A)=		
MOV DPTR，#0200H MOVX A，@DPTRr	(DPTR)=	(DPTR)=		
MOVX　@ DPTR, A	片外(0200H)=	片外(0200H)=		
MOVX　A,@ DPTR	(A)=	(A)=		
MOV R1,#90H	(R1)=	(R1)=		
MOV P2,#01H	(P2)=	(P2)=		
MOVX　@ R1, A	片外(0190H)=	片外(0190H)=		
SJMP $				
END				

任务四 AT89C51 汇编语言程序设计

任务要求

掌握汇编程序设计的基本方法与技巧。

相关知识

一、伪指令

汇编语言中除常用指令外，还有一些用来对"汇编"过程进行控制，或者对符号、标号赋值的指令。在汇编过程中，这些指令不被翻译成机器码，因此称为"伪指令"。

汇编语言中常用的伪指令有 8 条，如表 4.1 所示。

表 4.1 常用伪指令表

伪指令名称(英文含义)	伪指令格式	作用
ORG(origin)	ORG Addr16	汇编程序段起始
END	END	结束汇编
DB (defie byte)	DB 8 位二进制数表	定义字节
DW (define word)	DW 16 位二进制数表	定义字
DS (denfine storage)	DS 表达式	定义预留存储空间
EQU (equate)	字符名称 EQU 数据或汇编符	给左边的字符名称赋值
DATA (define lable data)	字符名称 DATA 表达式	数据地址赋值，定义标号数值
BIT	字符名称 BIT 位地址	位地址赋值

(一) ORG

格式：

```
ORG    Addr16
```

功能：规定下一程序段的起始地址。

例如：

```
        ORG    00H        ;指出下一程序段的起始地址为 00H
START:  MOV    A,B        ;A←B
```

第一句伪指令指出下一段程序段的起始地址为 00H,所以标号 START 所代表的地址就为 00H。一个汇编语言程序,可以有多个 ORG 伪指令,以规定不同程序段的起始地址。但要符合程序地址从小到大的顺序,不能相同。

在汇编时由 ORG 确定此语句后面第一条指令(或第一个数据)的地址。该段源程序(或数据块)就连续存放在以后的地址内,直到遇到另一个 ORG 语句为止。

【例 4-1】

```
ORG     0000H
MOV     R0, #50H
MOV     A, R4
ADD     A, @R0
MOV     R3, A
END
```

ORG 伪指令说明其后面源程序的目标代码在 ROM 中存放的起始地址是 0000H(见表 4.2)。

表 4.2　例 4-1 目标代码存放

存储器地址(H)	目标程序(H)
0000	78　50
0002	EC
0003	26
0004	FB

(二) DB

格式:

```
DB      8 位二进制数表
```

功能:从指定的地址单元开始,定义若干个 8 位内存单元的数据,数据与数据间用“,”来分割。若数据表首有标号,数据依次存放到以左边标号为首地址的存储单元中,这些数可以采用二进制、十进制、十六进制和 ASCII 码等多种形式表示。其中,ASCII 码用引号(" ")或单引号(' ')括住。

【例 4-2】

```
        ORG 1000H
DATA1:  DB   10,"A",'5'
DATA2:  DB   10H,01011001B
```

以上指令经汇编后,从 ROM 地址的 1000H 单元开始的相继地址单元中赋值(表 4.3)。

表 4.3 例 4-2 赋值内容

存储器地址(H)	内容(H)
1000	0A
1001	41
1002	35
1003	10
1004	59

（三）DW

格式：

```
DW    16 位二进制数表
```

功能：从指定的地址单元开始，定义若干个 16 位数据。因为 16 位数据必须占用两个字节，所以高 8 位先存入，占低位地址；低 8 位后存入，占高位地址。不足 16 位的用 0 补足。

【例 4-3】

```
        ORG     1000H
TAB:    DW      15
        DW      39H
        DW      5678H
```

以上指令经汇编后，从 ROM 的 1000H 地址开始的单元依次存放(见表 4.4)。

表 4.4 例 4-3 赋值内容

存储器地址(H)	内容(H)
1000	00
1001	0F
1002	00
1003	39
1004	56
1005	78

（四）EQU

格式：

```
字符名称   EQU   数据或汇编符号
```

功能：将一个数据或特定的汇编符号赋予规定的字符名称。

【例 4-4】

```
        DAT     EQU R1          ;DAT=R1,字符名称 DAT 在指令中代表 R1
        DELAY   EQU 1000H       ;DELAY=1000H,DELAY 在指令中可代表 1000H
        ORG     00H
        MOV     A,DAT           ;(A)←(R1)
        LCALL   DELAY           ;调用首地址为 2000H 的子程序
        SJMP    $
DELAY : ...
        END
```

"字符名称"不是符号，不能用"："做分隔符。字符名称、EQU、数据或汇编符号之间要用空格符分开。给字符名称所赋的值可以是 8 位或 16 位的数据或地址。字符名称一旦被赋值，它就可以在程序中作为一个数据或地址使用。通过 EQU 赋值的字符名称不能被第二次赋值，即一个字符名称不可以指向多个数据或地址。

字符名称必须先定义后使用，所以赋值伪指令语句通常放在源程序的开头。

(五) DATA

格式：

```
    字符名称    DATA  表达式
```

功能：将数据、地址、表达式赋值给规定的字符名称。字符名称、DATA 与表达式之间要用空格符分开。

【例 4-5】

```
    ONE     DATA    25H         ;用 ONE 代表 25H
    TWO     DATA    ONE+10H     ;用 TWO 代表表达式
    ORG     00H
    MOV     A, ONE              ;(A)←(ONE)
    MOV     R1,#TWO             ;(R1)←TWO
    SJMP    $
            END
```

(六) DS

格式：

```
    DS  表达式
```

功能：从指定的地址开始预留一定数量的内存单元。预留单元数量由 DS 语句中"表达式"的值决定。

【例 4-6】

```
ORG     1000H
DS      05H
CLR     C
```

汇编后,从 1000H 单元开始,保留 5 个字节的内存单元,然后在 1005H 单元放置指令
"CLR C"的机器码 0C3H(表 4.5)。

表 4.5 例 4-6 赋值内容

存储器地址(H)	内容(H)
1000	00
1001	00
1002	00
1003	00
1004	00
1005	C3

(七) BIT

格式:

```
字符名称  BIT  位地址
```

功能:将位地址赋值给写出的字符名称。

【例 4-7】

```
FT      BIT     P1.0
SC      BIT     ACC.1
```

将 P1.0 和 ACC.1 的位地址分别赋予字符 FT 和 SC。在以后的编程中,FT、SC 可作
为地址使用。

(八) END

格式:

```
END
```

功能:用来指示汇编语言源程序段在此结束。因此,在一个源程序中只允许出现一个
END 语句,并且它必须放在整个程序(包括伪指令)的最后,是源程序模块的最后一个语句。
如果 END 语句出现在中间,则汇编程序将不汇编 END 后面的语句。

【例 4-8】

```
                    ORG     0200H
                    MOV     A,R2
                    MOV     DPTR,#TBJ3
                    MOVC    A,@A+DPTR
                    JMP     @A+DPTR
        TBJ3:       DW      PRG0
                    DB      PRG1
                    DB      PRG2
        PRG0        EQU     3450H
        PRG1        EQU     50H
        PRG2        EQU     0B0H
                    END
                    MOV     A,#0FFH ;这条指令在 END 之后不编译
```

上述程序中伪指令规定：程序存放在 0200H 开始的单元中，字节数据放在标号地址 TBJ3 开始的单元中，与程序区紧连着；标号 PRG0 赋值为 3450H，PRG1 赋值为 50H，PRG2 赋值为 0B0H。

二、程序设计

(一) 程序设计步骤

根据任务要求，采用汇编语言编制程序的过程称为汇编语言程序设计。接收任务后，从拟订设计方案、编程序、调试直到通过，通常分为以下 6 步。

1. 明确任务、分析任务、构思程序设计基本框架

根据项目任务书，明确功能要求和技术指标，构思程序技术基本框架是程序设计的第一步。一般可将程序设计划分为多个程序模块，每个模块完成特定的子任务。这种程序设计框架也称为模块化设计。

2. 合理使用单片机资源

单片机资源有限，合理使用资源极为重要，它能使程序设计占用 ROM 少，执行速度快、处理突发事件能力强、工作稳定可靠。例如，若定时精度要求较高，则宜采用定时器/计数器；若要求及时处理片内、片外发生的事件，宜采用中断；若要求多个 LEO 数码管显示，则宜采用动态扫描方式，以减少使用 I/O 口数目，等等。

确定好存放初始数据、中间数据、结果数据的存储器单元，安排好工作寄存器、堆栈等，也属于合理使用单片机资源的内容。

3. 选择算法、优化算法

一般单片机的应用设计，都有逻辑运算、数学运算的要求。对于要求逻辑运算、数学运算的部分，要合理选择算法和优化算法，力求程序占用 ROM 少，执行速度快。

4. 设计程序流程图

根据构思的程序设计框架设计好流程图。流程图包括总程序流程图、子程序流程图和中断服务程序流程图。程序流程图使程序设计形象、程序设计思路清晰。

5. 编写程序

编写程序是程序设计实施的步骤，要力求准确、简练、易读、易改。

6. 程序调试

程序调试是检验程序设计正确性的必经步骤。

程序编写是一个较复杂艰难的过程，要有较强的抽象思维和逻辑思维能力，学习编程一般先看程序，分析程序。理解程序后，尝试编一些短的、容易的程序，并注意积累一些专用语句的编程方法，慢慢逐步尝试编长的、复杂的程序，熟能生巧。编好的程序要用软件仿真或硬件仿真检验其正确性。

(二) 程序设计步骤流程图

程序设计流程图由各种示意图形、符号、指向线、说明、注释等组成，用来说明程序执行各阶段的任务处理和执行走向。表 4.6 列出了通用的流程图符号和说明。

表 4.6　通用的流程图符号和说明

符号	名称	功能
	起止框或结束框	程序的开始或结束
	处理框	各种处理操作
	判断框	条件转移操作
	输入/输出框	输入/输出操作
	流程线	描述程序的流向
	引入/引出连线	流向的连接

(三) 程序设计技巧

在进行程序设计时，应注意以下事项及技巧。

(1) 尽量采用循环结构和子程序：使程序的总容量大大减少，提高程序的编写效率和执行效率，节省内存。采用多种循环时，要注意各重循环的初值和循环结束条件。

(2) 尽量采用模块化设计方法：使程序有条理、层次清楚，易读、易懂、易修改。

(3) 尽量少用无条件转移指令：使程序条理清楚，从而减少错误。

(4) 子程序设计应具有通用性：子程序设计时要注意保护现场和恢复现场。

(5) 中断处理程序中要注意保护现场和恢复现场：由于中断请求是随机产生的，所以在中断处理程序中，更要注意保护现场和恢复现场。除了要注意保护和恢复程序中用到的寄存器外，还要注意专用寄存器 PSW 的保护和恢复。

(6) 采用累加器 A 传递参数在调用子程序时，通过累加器传递程序的入口参数；或反过来，通过累加器 A 向主程序传递返回参数。

(四) 程序结构

1. 顺序程序

顺序程序是按程序顺序一条指令紧接一条指令执行的程序。顺序程序是所有程序设计中最基本的程序结构，是应用最普遍的程序结构，它是实际编写程序的基础。

2. 分支程序

分支程序是指在程序执行过程中，依据条件选择执行不同分支程序。为实现程序分支，编写选择结构程序时要合理选用具有判断功能的指令，如条件转移指令、比较转移指令和位转移指令等。

3. 循环结构程序

循环是指 CPU 反复地执行某种相同操作。从本质上讲，循环只是选择结构程序中的一个特殊形式而已。因为循环的重要性，所以将它独立作为一种程序结构。循环结构由以下4 个主要部分组成，如图 4.1 所示。

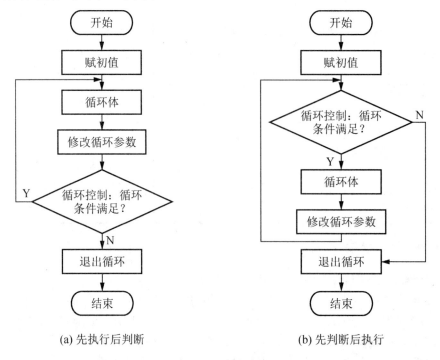

(a) 先执行后判断　　　　　　　(b) 先判断后执行

图 4.1　循环结构程序

(1) 初始化部分(赋初值)

在进入循环体之前需给用于循环过程的工作单元设置初值，如设置循环控制计数初值、地址指针起始地址、变量初值等。初始化部分是保证循环程序正确执行所必需的。

(2) 处理部分(循环体)

处理部分(循环体)是循环结构的核心部分，完成实际的处理工作。在循环体中，也可包括改变循环变量、改变地址指针等有关修改循环参数的部分。

(3) 循环控制部分(循环控制)

循环控制部分是控制循环与结束的部分，通过循环变量和结束条件进行控制，判断是否符合结束条件，若符合就结束循环程序的执行。有时修改循环参数和判断结束条件由一条指令完成，如 DJNZ 指令。

(4) 退出循环

循环处理程序的结束条件不同，相应控制部分的实现方法也不一样，主要有循环计数控制法和条件控制法。

4. 子程序程序结构

子程序是可在主程序中通过 LCALL、ACALL 等指令调用的程序段，该程序段的第一条指令地址称子程序入口地址。子程序的最后一条指令必须是 RET 返回指令，即返回到主程序中调用子程序指令的下一条指令。典型的子程序调用结构如图 4.2 所示。

实际应用中大多数子程序的结构是复杂程度不等的。主程序调用的子程序运行时可能改变主程序中某些寄存器的内容，如 PSW、A、B、工作寄存器等。这样就必须先用 PUSH 指令将相应寄存器的内容压入堆栈保护起来，然后用 POP 指令将压入堆栈的内容弹回到相应的寄存器中。进出堆栈遵循先进后出的原则。保护现场和恢复现场的方法有两种。

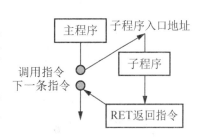

图 4.2　子程序调用结构示意图

(1) 调用前由主程序保护现场，返回后由主程序恢复现场。

```
    ...
    PUSH    PSW             ;将 PSW、ACC、B 压栈保护
    PUSH    ACC
    PUSH    B
    ACALL   ZCX1            ;子程序调用子程序 ZCX1
    POP     B               ;恢复 PSW、ACC、B
    POP     ACC
    POP     PSW
    ...
```

(2) 在子程序开头保护现场，在子程序末尾恢复现场。

```
    LCALL   ZCX2
```

```
            ...
ZCX2:PUSH   PSW                 ;子程序开头保护现场
     PUSH   ACC
     PUSH   B
            ...
     POP    B                   ;子程序末尾恢复现场
     POP    ACC
     POP    PSW
     RET                        ;子程序返回
```

任务实施

一、顺序程序设计

【例 4-9】设计一个程序，将片内 RAM 50H 单元中的数据送到片内 RAM 的 30H 单元和片外 RAM 的 30H 单元中，再将片内 RAM 50H 单元和 51H 单元的数据相互交换。设(50H)=37H，(51H)=6AH。

解：程序流程图如图 4.3 所示(见第 90 页)，为顺序结构程序。

汇编语言程序如下。

```
          ORG   0000H
   START:MOV   50H,#37H
          MOV   51H,#6AH
          MOV   A,50H             ;(A)←(50H)
          MOV   30H,A             ;(30H)←(A),(A)=37H
          MOV   R1,#30H           ;(R1)←30H
          MOV   P2,#00H           ;(P2)←00H
          MOVX  @R1,A             ;片外(0030H)←(A)
          XCH   A,51H             ;(A)与(51H)数据互换
          MOV   50H,A             ;(50H)←(A)
          SJMP  $
          END
```

结果：(30H)=37H，(0030H)=37H，(50H)=6AH，(51H)=37H。

【例 4-10】编写 1+2 的程序。

首先用"ADD A，Rn"指令编程，可写出如下程序。

```
   ORG    00H          ;程序的首地址
   MOV    R2,#02       ;2 送 R2
   MOV    A,#01        ;1 送 A
   ADD    A,R2         ;相加,结果 3 存 A 中
   SJMP   $
   END                 ;程序结束
```

该程序若用"ADD　A，direct"指令编程，可写出如下程序。

```
ORG    00H
MOV    30H,#02
MOV    A,#01
ADD    A,30H
SJMP   $
END
```

该程序若用"ADD　A，@Ri"指令编程，可写出如下程序。

```
ORG    00H
MOV    02H,#02
MOV    R0,#02
MOV    A,#01
ADD    A,@R0
SJMP   $
END
```

注意间接寻址方式的用法，Ri　(i＝0，1)即 Ri 只有 R0 和 R1。

该程序若用"ADD　A，#data"指令编程，可写出如下程序。

```
ORG    00H
MOV    A,#01
ADD    A,#02
SJMP   $
END
```

从以上例子可见，同一个程序有多种编写方法，思路不同，编出来的程序不同，但结果都一样。以上加法程序是最简单的形式，加法有多种无进位加法、有进位加法、有符号加法、无符号加法，还有浮点数的加法、单字节加法、双字节加法、多字节加法等。一般编写程序时，编成通用的程序。在调用通用程序之前，先判断是哪一种类型，再调相应的子程序。如以上 1＋2 的程序，也可以这样写，先将加数和被加数分别送入 40H、41H 单元，加完后和送入 42H 单元。它的完整程序如下。

```
       ORG    00H
       MOV    40H,#01H
       MOV    41H,#02H
AD1:   MOV    R0,#40H    ; 设 R0 为数据指针
       MOV    A,@R0      ;取 N1
       INC    R0         ;修改指针
       ADD    A,@R0      ;N1+N2
       INC    R0
       MOV    @R0,A      ;存结果
       SJMP   $
       END
```

流程图如图 4.4 所示。

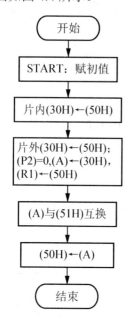

图 4.3 例 4-9 程序流程图

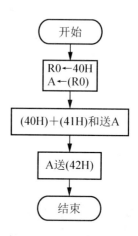

图 4.4 例 4-10 程序流程图

此程序也可这样写，用子程序调用的方法编写。

```
        ORG    00H
        MOV    40H,#01H
        MOV    41H,#02H
        ACALL  AD1
        SJMP   $
  AD1:MOV      R0,#40H      ; 设 R0 为数据指针
        MOV    A,@R0        ;取 N1
        INC    R0           ;修改指针
        ADD    A,@R0        ;N1+N2
        INC    R0
        MOV    @R0,A        ;存结果
        RET
        END
```

【例 4-11】 将两个半字节数合并成一个一字节数。

内部 RAM 40H、41H 单元中分别存放着 8 位二进制数。要求取出两个单元中的低半字节，合并成一个字节后，存入 42H 单元。

流程图如图 4.5 所示，程序如下：

```
        ORG    00H
  START:MOV    R1,#40H
        MOV    A,@R1
        ANL    A,#0FH                ;取第一个半字节
        SWAP   A
```

```
        INC   R1
        XCH   A,@R1          ;取第二字节
        ANL   A,#0FH         ;取第二个半字节
        ORL   A,@R1          ;拼字
        INC   R1
        MOV   @R1,A          ;存放结果
        SJMP  $
        END
```

注：该程序先要在 RAM 的 40H、41H 单元中输入两个数如 38H 和 96H，再看 86H 是否送入 42H 单元。

【例 4-12】 将一位十六进制数转换为 ASCII 码。设一位十六进制数放在 R1 的低 4 位，转换为 ASCII 后再送回 R1。用查表法设计程序，使用查表指令"MOVC　A,@A＋DPTR"。

解： 程序设计流程图如图 4.6 所示，设计程序如下。

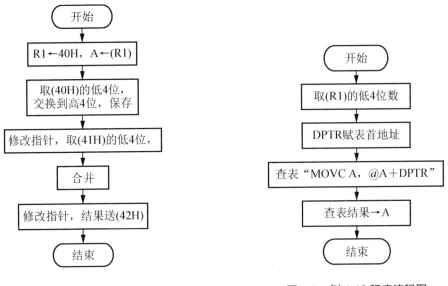

图 4.5　例 4-11 程序流程图　　　　图 4.6　例 4-12 程序流程图

```
        ORG 00H
        MOV R1,#0DH          ;设(R1)=0DH
        MOV A,R1             ;读数据
        ANL A,#0FH           ;屏蔽高4位
        MOV DPTR,#TABLE      ;置表格首地址
        MOVC  A,@A+DPTR      ;查表
        MOV R1,A             ;回存
        SJMP    $
        ORG 50H
TABLE:  DB 30H,31H,32H, 33H, 34H
        DB 35H, 36H, 37H,38H, 39H
        DB 41H, 42H, 43H,44H, 45H,46H   ;0~F 的 ASCII 码
        END
```

用查表法查得 R1 中的一位十六进制数 0DH 的 ASCII 码为 44H。

思考：若用"MOVC　A，@A＋PC"来设计该程序，该如何修改？

【例 4-13】将单字节二进制数转换成 BCD 码。

将单字节二进制(或十六进制)数转换为 BCD 码的一般方法是把二进制(或十六进制)数除以 100，得到百位数，余数除以 10 的商和余数分别为十位数、个位数。

单字节二进制(或十六进制)数在 0~255 之间，设单字节数在累加器 R0 中，转换结果的百位数放在 R2 中，十位和个位同放入 R1 中。

解： 程序设计流程图 4.7 所示，设计程序如下。

```
ORG     00H
MOV     R0,#67H
MOV     A,R0        ;十六进制数 67H 送 A 中
MOV     B,#64H      ;100 作为除数送入 B 中
DIV     AB          ;十六进制数除以 100
MOV     R2,A        ;百分位送 R2，余数在 B 中
MOV     A,#10       ;分离十位数和个位数
XCH     A,B         ;余数送入 A 中，除数 10 放在 B 中
DIV     AB          ;分离出十位数放 A 中，个位数放 B 中
SWAP    A           ;十位数交换 A 中的高 4 位
ORL     A,B         ;将个位数送入 A 中的低 4 位
MOV     R1,A        ;将十位和个位送入 R1
SJMP    $
END
```

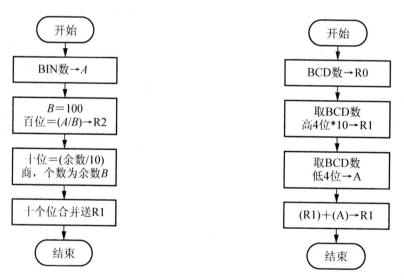

图 4.7　例 4-13 程序流程图　　　　　图 4.8　例 4-14 程序流程图

【例 4-14】将两位压缩 BCD 码按其高、低 4 位分别转换为二进制。

解： 程序设计流程图如图 4.8 所示，设计程序如下。

两位压缩 BCD 码存放在 R0 中。将其高、低 4 位分别转换为二进制数，并存放在 R1 中。

```
ORG     00H
MOV     R0,#79H              ;表示 BCD 码为 79
MOV     A,R0                 ;(A)←(R0)
ANL     A,#0F0H              ;屏蔽低 4 位
SWAP    A                    ;高 4 位与低 4 位交换
MOV     B,#10                ;乘数
MUL     AB                   ;相乘
MOV     R1,A                 ;(R1)←(A)
MOV     A,R0                 ;(A)←(R0)
ANL     A,#0FH               ;屏蔽高 4 位
ORL     A,R1                 ;(A)←(A)+(R1)
MOV     R1,A                 ;(R1)←(A)
SJMP    $
END
```

二、分支程序设计

【例 4-15】将 ASCII 码转换为十六进制数，如果 ASCII 码不能转换成十六进制数，用户标志位置 1。

解： 由 ASCII 码表可知，30H~39H 为 0~9 的 ASCII 码，41H~46H 为 A~F 的 ASCII 码。在这一范围内的 ASCII 码减 30H 或 37H 就可以获得对应的十六进制数。设 ASCII 码放在累加器 A 中，转换结果放回 A 中。

程序设计流程图如图 4.9 所示，设计程序如下。

```
        ORG     00H
START:  MOV     A,#56H
        CLR     C
        SUBB    A,#30H
        JC      NASC              ;(A)<0,不是十六进制数
        CJNE    A,#0AH,MM
MM:     JC      ASC               ; 0≤(A)<0AH,是十六进制数
        SUBB    A,#07H
        CJNE    A,#0AH,NN
NN:     JC      NASC
        CJNE    A,#10H,LL
LL:     JC      ASC
NASC:   SETB    F0
ASC:    SJMP    $
        END
```

【例 4-16】求单字节有符号二进制数的补码。

解： 正数补码是其本身，负数的补码是其反码加 1。因此，程序首先判断被转换数的

符号，负数进行转换，正数即为补码。设二进制数放在累加器 A 中，其补码放回到 A 中。

程序设计流程图如图 4.10 所示，设计程序如下。

```
        ORG   00H
        MOV   A,87H
CMPT:   JNB   ACC.7,NCH    ;(A)>0,不需转换
        CPL   A
        ADD   A,#1
        SETB  ACC.7        ;保存符号
NCH:    SJMP  $
        END
```

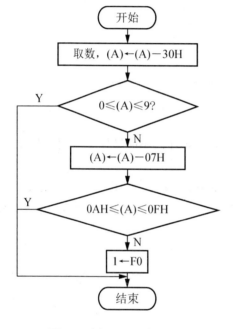

图 4.9　例 4-15 程序流程图

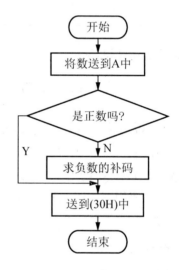

图 4.10　例 4-16 程序流程图

【例 4-17】设计比较两个无符号 8 位二进制数大小，并将较大数存入高地址中的程序。设两数分别存入 50H 和 51H 中，并设(50H)＝62H，(51H)＝7AH。

解： 程序流程图如图 4.11 所示，程序如下。

```
        ORG   00H
        MOV   50H,#62H      ;(50H)←62H
        MOV   51H,#7AH      ;(51H)←7AH
        CLR   C             ;C←0
        MOV   A,50H         ;(A)←(50H)
        SUBB  A,51H         ;做减法,比较两数
        JC    NEXT          ;(51H)≥(50H)转
        MOV   A,51H         ;大数存入51H中
        MOV   50H,A         ;小数存入50H中
```

```
NEXT:    SJMP     $
         END
```

【例 4-18】已知 X、Y 均为 8 位二进制数，分别存在 30H、31H 中，试编写能实现下面符号函数功能的程序，并将结果送入 31H 中。

$$Y = \begin{cases} +1, & \text{当} X > 0 \\ 0, & \text{当} X = 0 \\ -1, & \text{当} X < 0 (\text{补码表示}) \end{cases}$$

解： 程序设计流程图如图 4.12 所示，是有嵌套的分支程序，程序如下。

```
         ORG      00H
         MOV      30H,#76H
         MOV      A,30H        ;X 的数值送给 A
         CJNE     A,#00H,LP1   ;A≠0,转向 LP1
         MOV      31H,#00H     ;(A)=0,则(31H)=00H
         SJMP     LP3          ;转向程序结尾
LP1:     MOV      A,30H        ;(A)←(30H)
         JB       ACC.7,LP2    ;A 的符号位为 1,转向 LP2,表明(A)<0
         MOV      31H,#01H     ;A 的符号位为 0,则(31H)=1
         SJMP     LP3          ;转向程序结尾
LP2:     MOV      31H,#0FFH    ;送-1 的补码 0FFH 到 31H
LP3:     SJMP     $
         END
```

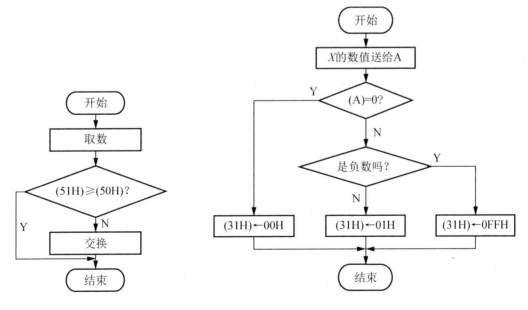

图 4.11　例 4-17 程序流程图　　　　　　　图 4.12　例 4-18 程序流程图

【例4-19】若(R6)＝56H，(R7)＝78H，根据寄存器R2中的内容，散转执行3个不同的分支程序。

(R2)＝0，将R0的内容送到片内RAM的60H单元中；

(R2)＝1，将R0的内容送到片外RAM的60H单元中；

(R2)＝2，将R0、R1的内容交换。

解：程序流程图如图4.13所示，是选择结构程序中的多分支程序。R2中内容可分别设为0、1、2，其汇编语言源程序设计如下。

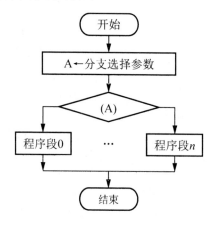

图 4.13　例 4-19 程序流程图

```
        ORG     00H
        MOV     R2,#1        ;设(R2)=1
        MOV     R6,#56H      ;(R6)=56H
        MOV     R7,#78H      ;(R7)=78H
        MOV     DPTR,#TABLE  ;(DPTR)= #TAB
        MOV     A,R2         ;(A)←(R2)
        MOVC    A,@A+DPTR    ;查表
        JMP     @A+DPTR      ;根据查表结果转移
TABLE:  DB      TABLE0-TABLE
        DB      TABLE1-TABLE
        DB      TABLE2-TABLE
TABLE0: MOV     60H,R6       ;(60H)←(R6)
        SJMP    OVE          ;转向OVE
TABLE1: MOV     P2,#00H      ;(P2)←00H
        MOV     R0,#60H      ;(R0)←60H
        MOV A,R6             ;(A)←(R6)
        MOVX    @R0,A        ;片外(60H)←(A)
        SJMP    OVE          ;转向OVE
TABLE2: MOV     A,R6         ;(A)←(R6)
        XCH     A,R7         ;交换
        MOV     R6,A         ;(R6)←(A)
```

```
OVE:    SJMP    $
        END
```

三、循环程序设计

1. 单循环程序

(1) 循环次数已知的循环程序。

【例 4-20】将内部 RAM 地址为 40H 起点的 8 个单元清 "0"

解：其汇编语言源程序设计如下。

```
            ORG     0000H
CLEAR:  CLR     A           ;A 清 0
        MOV     R0,#40H     ;确定清 0 单元起始地址
        MOV     R7,#08      ;确定要清除的单元个数
LOOP:   MOV     @R0,A       ;清单元
        INC     R0          ;指向下一个单元
        DJNZ    R7,LOOP     ;控制循环
        SJMP    $
        END
```

请读者自行写出程序流程图。

【例 4-21】计算 10 个单字节数据之和。数据依次存放在内部 RAM 40H 单元开始的连续单元中。要求把计算结果存入 R2，R3 中(高位存 R2，低位存 R3)。

解：程序流程图如图 4.14 所示，其汇编语言源程序设计如下。

```
            ORG     8000H
        MOV     R0,#40H     ;设数据指针
        MOV     R5,#0AH     ;计数值 0AH→R5
        MOV     R2,#0       ;和的高 8 位清零
        MOV     R3,#0       ;和的低 8 位清零
LOOP:   MOV     A,R3        ;取加数
        ADD     A,@R0
        MOV     R3,A        ;存和的低 8 位
        JNC     LOOP1
        INC     R2          ;有进位,和的高 8 位+1
LOOP1:  INC     R0          ;指向下一数据地址
        DJNZ    R5,LOOP
        SJMP    $
        END
```

(2) 循环次数未知的循环程序。以上介绍的几个循环程序例子，它们的循环次数都是已知的，适合用计数器置初值的方法。而有些循环程序事先不知道循环次数，不能用以

上方法。这时需要根据判断循环条件的成立与否，或用建立标志的方法，控制循环程序的结果。

【例 4-22】设有一串字符依次存放在从 50H 单元开始的连续单元中，该字符串以换行符为结束标志，测试字符串长度，测得的字符串长度存入 R2 中。

解：测字符串长度程序是将该字符串中的每一个字符依次与换行符相比，若比较不相等，则统计字符串长度的计数器加 1。继续比较，若比较相等，则表示该字符串结束，计数器中的值就是字符串的长度。

程序流程图如图 4.15 所示，其汇编语言源程序设计如下。

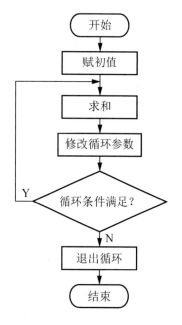

图 4.14　例 4-21 程序流程图

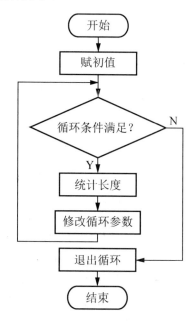

图 4.15　例 4-22 程序流程图

```
        ORG     0000H
        MOV     R2,#00H          ;初始长度设置
        MOV     R0,#50H          ;数据指针 R0 置初值
NEXT:   CJNE    @R0,#0DH,LOOP
        SJMP    OVE
LOOP:   INC     R0
        INC     R2
OVE:    SJMP    $
        END
```

待测字符以 ASCII 码形式存放在 RAM 中，换行符的 ASCII 码为 0DH，程序中用一条"CJNE @R0，#0DH，LOOP"指令实现字符比较及控制循环的任务，当循环结束时，R2的内容为字符串长度。

2. 循环程序在数据传送方面的应用

【例 4-23】 将内部 RAM 以 40H 为起始地址的 8 个单元中的内容传到以 60H 为起始地址的 8 个单元中。

解： 此程序的编写要用到间接寻址方法，它的基本编程思路是先读取一个单元的内容，将读取的内容送到指定单元，再循环送第二个，反复送，直到送完为止，其汇编语言源程序设计如下。

```
        ORG 0000H
        MOV    R0,#40H        ;内部 RAM 取数单元的起始地址
        MOV    A,@R0          ;读出数送 A 暂存
        MOV    R1,#60H        ;内部 RAM 存数单元的起始地址
        MOV    @R1,A          ;送数到 60H 单元
        MOV    R7,#08         ;送数的个数
LOOP:   INC    R0             ;取数单元加 1,指向下一个单元
        INC    R1             ;存数单元加 1,指向下一个单元
        MOV    A,@R0          ;读出数送 A 暂存
        MOV    @R1,A          ;送数到新单元
        DJNZ   R7,LOOP        ;8 个送完了吗?未完转到 LOOP 继续送
        SJMP   $
        END
```

请读者自行写出程序流程图。

【例 4-24】 将内部 RAM 以 40H 为起始地址的 8 个单元中的内容传到外部存储器以 2000H 为起始地址的 8 个单元中。

解： 此程序与例 10 的区别就是传到外部存储器，注意外部存储器的地址是 16 位地址，传送 16 位地址的数有专门的指令。其汇编语言源程序设计如下。

```
        ORG     0000H
        MOV     R0,#40H         ;内部 RAM 取数单元的起始地址
        MOV     A,@R0           ;读出数送 A 暂存
        MOV     DPTR,#2000H     ;外部存储器存数单元的起始地址
        MOVX    @DPTR,A         ;送数到 2000H 单元
        MOV     R7,#08          ;送数的个数
LOOP:   INC     R0              ;取数单元加 1,指向下一个单元
        INC     DPTR            ;存数单元加 1,指向下一个单元
        MOV     A,@R0           ;读出数送 A 暂存
        MOVX    @DPTR,A         ;送数到新单元
        DJNZ    R7,LOOP         ;8 个送完了吗?未完转到 LOOP 继续送
        SJMP    $
        END
```

【例 4-25】 将外部存储器以 2000H 为起始地址的 8 个单元中的内容传到外部存储器以 4000H 为起始地址的 8 个单元中。

解： 其汇编语言源程序设计如下。

```
              ORG      0000H
              MOV      R2,#00H        ;外部存储器取数单元的起始地址低字节
              MOV      R3,#20H        ;外部存储器取数单元的起始地址高字节
              MOV      R4,#00H        ;外部存储器存数单元的起始地址低字节
              MOV      R5,#40H        ;外部存储器存数单元的起始地址高字节
              MOV      R7,#08         ;送数的个数
   LOOP:      MOV      DPL,R2
              MOV      DPH,R3
              MOV      A,@DPTR        ;读出 2000 单元的数送 A 暂存
              MOV      DPL,R4
              MOV      DPH,R5
              MOVX     @DPTR,A        ;送数到 4000H 单元
              INC      R2             ;取数单元加 1,指向下一个单元
              INC      R4             ;存数单元加 1,指向下一个单元
              DJNZ     R7,LOOP        ;8 个送完了吗?未完转到 LOOP 继续送
              SJMP     $
              END
```

3. 多重循环程序

如果在一个循环体中又包含了其他的循环程序，即循环中还套着循环，这种程序称为多重循环程序。

使用多重循环程序时，必须注意以下几点。

(1) 循环嵌套，必须层次分明，不允许产生内外层循环交叉。

(2) 外循环可以一层层向内循环进入，结束时由里往外一层层退出。

(3) 内循环体可以直接转入外循环体，实现一个循环由多个条件控制的循环结构方式。

【例 4-26】 设有 N 个数，它们依次存放于 LIST 地址开始的存储区域中，将 N 个数比较大小后，使它们按由小到大(或由大到小)的次序排列，存放在原存储区域中。

解： 编制该程序的方法为，依次将相邻两个单元的内容做比较，即第一个数和第二个数比较，第二个数和第三个数比较……若符合从小到大的顺序，则不改变它们在内存中的位置，否则交换它们之间的位置。如此反复比较，直至数列排序完成为止。

由于在比较过程中将小数(或大数)向上冒，因此这种算法称为"冒泡法"或称为排序法，为了加快数据排序速度，程序中设置一个标志位，只要在比较过程中两数之间没有发生过交换，就表示数列已按大小顺序排列了，可以结束比较。

程序流程图如图 4.16 所示,其汇编语言源程序设计如下。

```
              ORG   00H
START:  MOV   R1,#70H      ;指针送 R1
        MOV   R6,# CNT     ;每次冒泡比较的次数
        CLR   F0           ;交换标志清 0
LOOP:   MOV   A,@R1        ;取前一个数
        MOV   R2,A         ;暂存前一个数于 R2
        INC   R1           ;取后一个数
        MOV   40H,@R1      ;后一个数暂存于 40H
        CLR   C            ;清进位为 0
        CJNE  A,40H,LOOP1  ;前后两数相比较
        SJMP  LOOP2
LOOP1:  JNC   LOOP2        ;前数≥后数,不交换
        MOV   A,@R1
        DEC   R1           ;前数<后数,则交换
        XCH   A,@R1
        INC   R1
        MOV   @R1,A
        SETB  F0           ;置交换标志
LOOP2:  DJNZ  R6,LOOP      ;进行下一次比较
        JB    F0,START     ;一趟循环中有交换,进
              行下一趟冒泡
        SJMP  $            ;无交换退出
CNT     EQU   08H
        END
```

图 4.16   例 4-26 程序流程图

四、子程序设计

【例 4-27】用程序实现 $c=3a+4b$。设 a、b、c 存于片内 RAM 的 3 个单元 30H、31H、32H 中(设 a、b 为 0~9 之间的数)。

解：程序流程图如图 4.17 所示,其汇编语言源程序设计如下。

```
    ORG     00H
    MOV     30H,#5       ;赋值(30H)=5
    MOV     31H,#6       ;赋值(31H)=6
    MOV     A,30H        ;取一个数据 a
    MOV     B,03H
    ACALL   SUB          ;第一次调用,得 3a
    MOV     R1,A         ;暂存 3a 于 R1 中
    MOV     A,31H        ;取第二个数据 b
    MOV     B,04H
    ACALL   SUB          ;第二次调用,得 4b
```

```
            ADD     A,R1                ;完成 3a +4b
            MOV     32H,A               ;存结果到 32H
            SJMP    $
SUB:        MUL     AB                  ;做乘法
            RET                         ;子程序返回
```

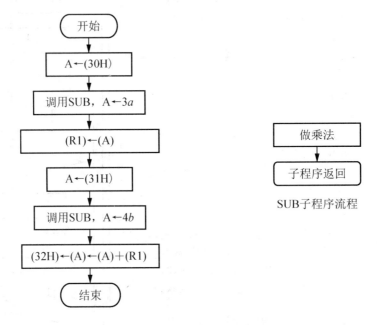

图 4.17　例 4-27 程序流程图

五、学习状态反馈

1. 设有两个 4 位 BCD 码，分别存放在片内 RAM 的 23H、22H 单元和 33H、32H 单元中，求它们的和，并送入 43H、42H 单元中去(以上均为低位在低字节，高位在高字节)。

2. 编程将片内 RAM 的 40H~60H 单元中的内容送到片外 RAM 以 3000H 开始的单元中。

3. 编程将片内 RAM 的 40H~60H 单元中的内容送到片外 RAM 以 3000H 开始的单元中。

4. 编程计算片内 RAM 区 30H~37H 的 8 个单元中数的算术平均值，结果存放在 3AH 单元中。

5. 设有 100 个有符号数，连续存放在片外 RAM 以 2200H 为首地址的存储区中，试编程统计其中正数、负数、零的个数。

6. 编写计算下式的程序，设乘积的结果均小于 255，A、B 值分别存放在片外 RAM 的 2000H 和 2001H 单元中，结果存于 2002H 单元中。

$$Y=\begin{cases}(A+B)\times(A+B)-10, & (A+B)\times(A+B)>10 \\ (A+B)\times(A+B), & (A+B)\times(A+B)=10 \\ (A+B)\times(A+B)+10, & (A+B)\times(A+B)<10(补码表示)\end{cases}$$

7. 试编一查表程序，从首地址为 2000H、长度为 9FH 的数据块中找出第一个 ASCII 码 A，将其地址送到 20A0H 和 20A1H 单元中。

8. 试分别编写延时 10ms 和 50ms 的程序。

9. 利用调用子程序的方法编写延时 1s 的程序。

10. 10 个无符号数连续存放在片内 RAM30H 开始的单元中，编写程序找出其中的最小数，并存放在 20H 单元中。

11. 用子程序编程，将单字节二进制数的高、低 4 位分别转换成其对应的 ASCII 码。

六、提高

按任务三的步骤用 Keil 调试汇编以上程序，分析运行结果。

第三篇　AT89C51 中断系统

学习目标：

- 掌握单片机输入/输出口结构与工作原理。
- 掌握单片机集成开发环境 Keil C51、PROTEUS 电路设计及仿真的使用方法。
- 了解中断的基本概念、中断的作用及中断请求方式。
- 掌握 AT89C51 单片机中断结构、AT89C51 单片机 5 个中断源的中断请求、中断屏蔽、优先级设置等初始化编程方法。
- 掌握定时/计数器 4 种工作方式的初始化编程方法。
- 学会使用定时器/计数器编写计数、定时应用程序的方法。

技能要求：

- 会利用 AT89C51 单片机制作简单的实用电路。
- 会使用相应软件对程序进行仿真和调试。
- 会编写中断和定时/计数器初始化程序。
- 会计算定时/计数器初值。
- 根据项目要求，能够灵活应用中断和定时/计数器的资源。

任务五　一组信号灯控制系统的设计

任务要求

8 个发光二极管按照全亮、全灭的规律不停地循环变化。

相关知识

一、信号灯控制系统的介绍

信号灯在工厂企业、交通运输业、商业、学校等各个行业应用非常广泛，信号灯有各种各样的类型，用途也各不相同。信号灯不同的颜色、不同的形状、不同的亮暗规律等都表示不同的含义，因此，对信号灯的控制尤为重要。

信号灯的控制有多种方式，如机械开关控制方式、电气开关控制方式、数字逻辑电路控制方式、可编程逻辑器件 PLD 控制方式、单片机控制方式等；有强电控制的信号灯，也有弱电控制的信号灯；有硬件控制的信号灯，也有软件控制的信号灯。应用单片机对信号灯控制方式，具有控制电路简单、控制灵活、操作方便等一系列优点，应用非常广泛。

从原理上讲，目前信号灯控制系统有 4 种类型。

第一类是机械电气开关控制方式，这种控制方式应用机械电气开关，控制复杂，连接困难，体积庞大，灵活性差，目前应用较少。

第二类是用中小规模数字电路构成,其中包括了组合逻辑电路和时序电路，设计这一类信号灯控制系统时，要用到真值表、状态图等知识，电路结构复杂、灵活性差、调试困难。

第三类是用可编程逻辑器件 PLD 构成,可以由 FPGA 或 CPLD 组成，设计这一类信号灯控制系统时，要用到 VHDL 语言和 PLD 专用开发软件，有相当的难度。

第四类是用单片机构成，单片机具有物美价廉、功能强、使用方便灵活、可靠性高等特点。可以由各个厂家、各种类型的单片机及相应的外围电路组成，设计这一类信号灯控制系统时，要用到单片机软硬件、接口及产品开发等很多单片机知识。

因此，应用单片机对信号灯控制方式优点多，使用广泛。

二、I/O 口结构与工作原理

89C51 单片机有 4 个 8 位的并行 I/O 接口：P0、P1、P2 和 P3 口。它们是特殊功能寄存器中的 4 个。这 4 个口，既可以作为输入，也可以作为输出，既可按 8 位处理，也可按位方式使用。输出时具有锁存能力，输入时具有缓冲功能。

（一）P1 口

1. 结构

P1 口的位结构如图 5.1 所示，包含输出锁存器、输入缓冲器 1(读锁存器)、输入缓冲器 2(读引脚)及由一个场效应管 V1 与内部上拉电阻组成的输出驱动器。

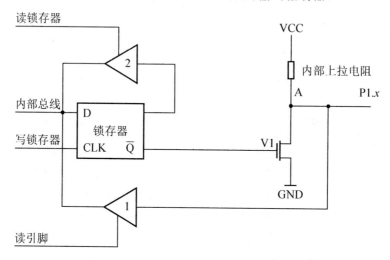

图 5.1　P1 口的位结构

2. 功能

P1 口是准双向口，它只能做通用 I/O 接口使用。

(1) 输出操作

内部总线输出 0 时，$D=0, Q=0, \bar{Q}=1$，Q0 导通，A 点被下拉为低电平，输出为 0；内部总线输出 1 时，$D=1, Q=1, \bar{Q}=0$，Q0 截止，A 点被上拉为高电平，输出为 1。

输出时，可以提供电流负载，不需要外接上拉电阻。P1 口具有驱动 4 个 LSTTL 负载的能力。

(2) 读操作

AT89C51 读操作时，为读入正确的引脚信号，必须先保证 Q0 截止。因为 Q0 导通，引脚 A 点为低电平，显然，从引脚输入的任何外部信号都被 Q0 强迫短路，严重时可能大电流流过 Q0，而将它烧坏，为保证 Q0 截止，必须先锁存器写"1"，即 $D=1, Q=1, \bar{Q}=0$ 截止，若外接电路信号(即输入信号)为 1 时，引脚 A 为高电平；输入信号为 0 时，引脚 A 点为低电平，这样才能保证单片机输入的电平与外接电路电平相同。例如，使用输入指令 "MOV A，P1" 时，应先使锁存器置1(即通常所说的置端口为输入方式)，再把 P1 口的数据读入累加器 A 中，程序设计如下。

```
MOV  P1,#0FFH
MOV  A,P1
```

(二) P3 口

1. 结构

P3 口的位结构如图 5.2 所示，P3 口有第二功能。包含输出锁存器、输入缓冲器 1(读锁存器)、输入缓冲器 2(读引脚)及由一个场效应管 V_1 与内部上拉电阻组成的输出驱动器。

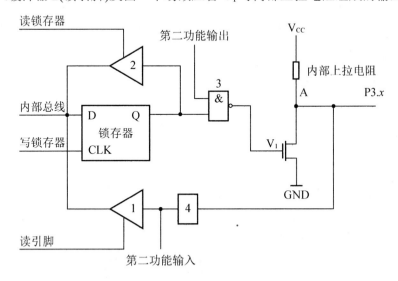

图 5.2　P3 口的位结构

(1) 锁存器输出是从 Q 端引出。

(2) P3 口输出驱动由与非门 3、V_1 组成。与非门 3 有两个输入端，一端为锁存器的输出端 Q，另一端为"第二输出功能输出"端，与非门 3 的输出控制场效应管 V1。

(3) 增加一个输入缓冲器 4，"第二输入功能输入"取出缓冲器 4 的输出端。

2. 功能

(1) 通用 I/O 口

当 P3 口作为通用 I/O 接口时，第二功能输出线为高电平，与非门 3 的输出取决于锁存器的状态。这时，P3 是一个准双向口，它的工作原理、负载能力与 P1、P2 口相同。

(2) 第二功能

当 P3 口作为第二功能(表 5.1)时，锁存器的 Q 输出端必须为高电平，否则 V_1 管导通，引脚将被箝位在低电平，无法实现第二功能。当锁存器 Q 端为高电平时，P3 口的状态取决于第二功能输出线的状态。单片机复位时，锁存器的输出端为高电平，V1 管截止。P3 口第二功能中输入信号经缓冲器 4 输入，可直接进入芯片内部。

表 5.1　P3 引脚的第二功能

P3 口	第二功能	
P3.0	RXD	串行口输入端

续表

P3 口		第二功能
P3.1	TXD	串行口输出端
P3.2	$\overline{INT0}$	外部中断 0 请求输入端，低电平有效
P3.3	$\overline{INT1}$	外部中断 1 请求输入端，低电平有效
P3.4	T0	定时/计数器 0 外部计数脉冲输入端
P3.5	T1	定时/计数器 0 外部计数脉冲输入端
P3.6	$\overline{WR}$	外部数据存储器写信号，低电平有效
P3.7	$\overline{RD}$	外部数据存储器读信号，低电平有效

(三) P2 口

1. 结构

P2 口的位结构如图 5.3 所示，与 P1 口相比，它只在输出驱动电路上比 P1 口多了一个模拟转换开关 MUX 和反相器 3。多路开关的切换由内部控制信号控制。

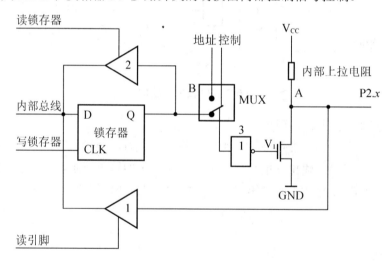

图 5.3　P2 口的位结构

2. 功能

(1) 通用 I/O 口

当控制信号为低电平 "0"，转换开关接 C 端，P2 口作为准双向通用 I/O 接口。控制信号使转换开关接 C 端，其工作原理与 P1 相同，只是 P1 口输出端由锁存器 $\overline{Q}$ 接 V_1，而 P2 口是由锁存器 Q 端经反相器 3 接 V_1，也具有输入、输出、端口操作 3 种工作方式，负载能力也与 P1 相同。

(2) 高 8 位地址总线

当控制信号为高电平 "1"，转换开关接 B 端，P2 口用做高 8 位地址总线使用时，访问片外存储器的高 8 位地址 A8~A15 由 P2 口输出。如系统扩展了 ROM，由于单片机工作时一直不断地取指令，因而 P2 口将不断的送出高 8 位地址，P2 口将不能作为通用 I/O 口使用。若系统仅仅扩展 RAM，这时分几种情况：当片外 RAM 容量不超过 256B，在访问 RAM 时，只需 P0 口送低 8 位地址即可，P2 口仍可作为通用 I/O 口使用；当片外 RAM 容量大于 256B 时，需要 P2 口提供高 8 位地址，这时 P2 口就不能作为通用 I/O 接口使用 。

(四) P0 口

1. 结构

P0 口的结构如图 5.4 所示，P0 口是一个三态双向口，可作为地址/数据分时复用口，也可作为通用的 I/O 接口。它由一个输出锁存器、两个三态缓冲器、输出驱动电路和输出控制电路组成。

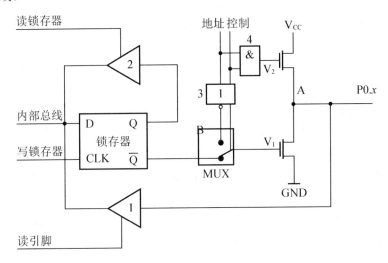

图 5.4　P0 口的位结构

2. 功能

(1) 通用 I/O 口

当控制信号为低电平"0"，转换开关接 C 端，P0 口作为通用 I/O 口使用。控制信号为"0"，转换开关 MUX 把输出级与锁存器 $\overline{Q}$ 端接通，在 CPU 向端口输出数据时，因与门 4 输出为"0"，使 V_2 截止，此时，输出级是漏极开路电路，需要一个外部上拉电阻。当写入脉冲加在锁存器时钟端 CLK 上时，与内部总线相连的 D 端数据取反后出现在 $\overline{Q}$ 端，又经输出 V_1 反相，在 P0 引脚上出现的数据正好是内部总线的数据。当要从 P0 口输入数据时，引脚信号仍经输入缓冲器进入内部总线。

(2) 地址/数据分时复用总线

当控制信号为高电平"1"，转换开关接 B 端，P0 口作为地址/数据分时复用总线用。这时可分为两种情况：一种是从 P0 口输出地址或数据，另一种是从 P0 口输入数据。控制信号为高电平"1"，使转换开关 MUX 把反相器 3 的输出端与 V_1 接通，同时把与门 4 打开。如果从 P0 口输出地址或数据信号，当地址或数据为"1"时，经反相器 3 使 V_1

截止，而经与门 4 使 V_2 导通，P0.x 引脚上出现相应的高电平"1"；当地址或数据为"0"时，经反相器 3 使 V_1 导通而 V_2 截止，引脚上出现相应的低电平"0"，这样就将地址/数据的信号输出。如果从 P0 口输入数据，输入数据从引脚下方的三态输入缓冲器进入内部总线。

当 P0 口作通用 I/O 接口时，应注意以下两点。

① 在输出数据时，由于 V_2 截止，输出级是漏极开路电路，要使"1"信号正常输出，必须外接上拉电阻。

② P0 口作为通用 I/O 口输入使用时，在输入数据前，应先向 P0 口写"1"，此时锁存器的 Q 端为"0"，使输出级的两个场效应管 V_1、V_2 均截止，引脚处于悬浮状态，才可作为高阻输入。因为从 P0 口引脚输入数据时，V_2 一直处于截止状态，引脚上的外部信号既加在三态缓冲器 1 的输入端，又加在 V_1 的漏极。假定在此之前曾经输出数据"0"，则 V_1 是导通的，这样引脚上的电位就始终被箝位在低电平，使输入高电平无法读入。因此，在输入数据时，应人为地先向 P0 口写"1"，使 V_1、V_2 均截止，方可高阻输入。

另外，P0 口的输出级具有驱动 8 个 LSTTL 负载的能力，输出电流不大于 800μA。

综上所述：

- 当 P0 作为 I/O 口使用时，特别是作为输出时，输出级属于开漏电路，必须外接上拉电阻才会有高电平输出；如果作为输入，必须先向相应的锁存器写"1"，才不会影响输入电平。
- 当 CPU 内部控制信号为"1"时，P0 口作为地址/数据总线使用，这时，P0 口就无法再作为 I/O 口使用了。
- P1、P2 和 P3 口为准双向口，在内部差别不大，但使用功能有所不同。
- P1 口是用户专用 8 位准双向 I/O 口，具有通用输入/输出功能，每一位都能独立地设定为输入或输出。当由输出方式变为输入方式时，该位的锁存器必须写入"1"，然后才能进入输入操作。
- P2 口是 8 位准双向 I/O 口。外接 I/O 设备时，可作为扩展系统的地址总线，输出高 8 位地址，与 P0 口一起组成 16 位地址总线。P2 口一般只作为地址总线使用，而不作为 I/O 线直接与外部设备相连。

任务实施

一、任务实施分析

(一) 硬件电路

信号灯控制电路是 AT89C51 单片机的一种简单电路，它包含 3 个部分：晶振电路、上电复位电路和用户电路。信号灯控制电路如图 5.5 所示 (晶振电路与复位电路略)。

由于只使用内程序存储器，AT89C51 的 EA 端接电源正端。

选用驱动能力较强的 P0 口中的第一个端口 P0.0 控制一只 LED，当 P0.0 输出为"1"时，LED 无电流不发光。

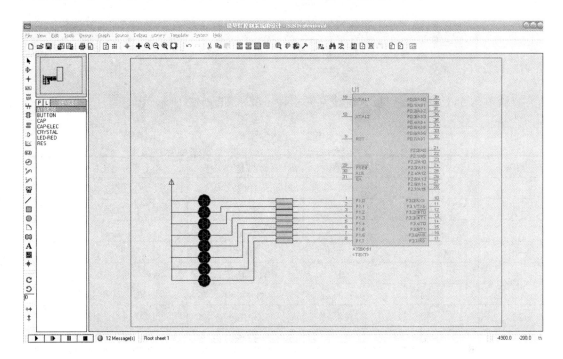

图 5.5 信号灯控制电路

(二) 软件设计

单片机控制系统与传统的模拟和数字控制系统的最大区别在于，单片机系统除了硬件以外还必须有程序支持，信号灯电路所使用的程序清单如下。

```
        ORG     0000H
START:  MOV     P1,#FFH
        ACALL   DELAY
        MOV     P1,#00H
        ACALL   DELAY
        SJMP    START
DELAY:  MOV     R7,#200
D1:     MOV     R6,#200
D2:     NOP
        NOP
        NOP
        NOP
        DJNZ    R6,D2
        DJNZ    R7,D1
        RET
        END
```

调整 $R6$ 和 $R7$ 的值，可改变延时时间。

二、任务实施要求

(一) 工具器材要求

直流电源 5V/500、面包板、跳线、元器件 1 套，如表 5.2 所示。

表 5.2　元器件清单

序号	元器件	数量	数值	作用
1	R1	1	10kΩ	复位电阻
2	R2	8	510Ω	LED 限流电阻
3	C1	1	10μF	复位电容
4	C2、C3	2	30pF	振荡电容
5	J	1	12MHz	晶振
6	IC1	1	AT89C51	单片机芯片
7	D0	8	红色φ5	显示器件
8	SA0	1	开关	复位开关

(二) 实施步骤

1．在用户板上按图 5.5 所示的电路原理图安装元器件，元器件清单如表 5.2 所示。

2．检查无误后接通电源，观察 LED 显示情况。

3．分析程序中是哪一条指令使 LED 的状态发生变化的。

4．画出流程图。

5．计算延时时间并编写一个延时 2ms 的程序。

6．结果与检查。

接上电源启动运行，观察 8 个发光二极管的亮灭状态。若不符合设计的要求，对硬件电路和软件进行检查调试。

(1) 硬件电路检测

首先，应便于检查、排除故障和更换器件。

在制作过程中，由错误布线引起的故障常占很大比例。布线错误不仅会引起电路故障，严重时甚至会损坏器件，因此，注意布线的合理性和科学性是十分必要的，正确的布线原则大致有以下几点。

① 接插集成电路芯片时，先校准两排引脚，使之与实验底板上的插孔对应，轻轻用力将芯片插上，然后在确定引脚与插孔完全吻合后，再稍用力将其插紧，以免集成电路的引脚弯曲、折断或者接触不良。

② 不允许将集成电路芯片方向插反，一般 IC 的方向是缺口(或标记)朝左，引脚序号从左下方的第一个引脚开始，按逆时针方向依次递增至左上方的第一个引脚。

③ 导线应粗细适当，一般选取直径为 0.6～0.8mm 的单股导线，最好采用各种色线以区别不同用途，如电源线用红色，地线用黑色。

④ 布线应有秩序地进行，随意乱接容易造成漏接、错接，较好的方法是接好固定电

平点，如电源线、地线、门电路闲置输入端、触发器异步置位复位端等，然后再按信号源的顺序从输入到输出依次布线。

⑤ 连线应避免过长，避免从集成器件上方跨接，避免过多的重叠交错，以利于布线、更换元器件及故障检查和排除。

⑥ 当电路的规模较大时，应注意集成元器件的合理布局，以便得到最佳布线，布线时，顺便对单个集成器件进行功能测试。这是一种良好的习惯，实际上这样做不会增加布线工作量。

⑦ 应当指出，布线和调试工作是不能截然分开的，往往需要交替进行，对大型电路元器件很多的，可将总电路按其功能划分为若干相对独立的部分，逐个布线、调试(分调)，然后将各部分连接起来(联调)。

电路不能完成预定的逻辑功能时，就称电路有故障，产生故障的原因大致可以归纳以下4个方面。

① 操作不当(如布线错误等)。

② 设计不当(如电路出现险象等)。

③ 元器件使用不当或功能不正常。

④ 仪器(主要指数字电路实验箱)和集成器件本身出现故障。

因此，上述4点应作为检查故障的主要线索，以下介绍几种常见的故障检查方法。

① 查线法。由于大部分故障都是由于布线错误引起的，因此，在故障发生时，复查电路连线为排除故障的有效方法。应着重注意有无漏线、错线，导线与插孔接触是否可靠，集成电路是否插牢、集成电路是否插反等。

② 观察法。用万用表直接测量各集成块的 V_{CC} 端是否加上电源电压；输入信号、时钟脉冲等是否加到实验电路上，观察输出端有无反应。重复测试观察故障现象，然后对某一故障状态用万用表测试各输入/输出端的直流电平，从而判断出是否是插座板、集成块引脚连接线等原因造成的故障。

③ 信号注入法。在电路的每一级输入端加上特定信号，观察该级输出响应，从而确定该级是否有故障，必要时可以切断周围连线，避免相互影响。

④ 信号寻迹法。在电路的输入端加上特定信号，按照信号流向逐级检查是否有响应和是否正确，必要时可多次输入不同信号。

⑤ 替换法。对于多输入端器件，如有多余端则可调换另一输入端试用，必要时可更换器件，以检查器件功能不正常所引起的故障。

⑥ 动态逐线跟踪检查法。对于时序电路，可输入时钟信号按信号流向依次检查各级波形，直到找出故障点为止。

⑦ 断开反馈线检查法。对于含有反馈线的闭合电路，应该设法断开反馈线进行检查，或进行状态预置后再进行检查。

以上检查故障的方法，是指在仪器工作正常的前提下进行的。若电路功能测不出来，则应首先检查供电情况；若电源电压已加上，便可把有关输出端直接接到逻辑显示器上检查；若逻辑开关无输出，或单次 CP 无输出，则是开关接触不好或是内部电路坏了，一般就是集成器件坏了。

　　需要强调指出，经验对于故障检查是大有帮助的，但只要充分预习，掌握基本理论和实验原理，就不难用逻辑思维的方法较好地判断和排除故障。

　　(2) 软件的调试

　　本系统的软件系统不是很大，全部用汇编语言来编写，选用 Keil 仿真器对汇编语言进行调试。除了语法差错外，当确认程序没问题时，通过直接下载到单片机来调试。

　　(3) 统调

　　系统做好后，进行系统的完整调试。主要任务是检验实现的功能及其效果并校正数值。根据实测数据，逐步校正数据，使测量结果更准确。单片机软件先在最小系统板上调试，确保工作正常之后，再与硬件系统联调。

三、学习状态反馈

　　1. 修改源程序，使 8 个发光二极管按照下面形式发光，如表 5.3 所示。

表 5.3　发光二极管发光形式

P1 口管脚	P1.7	P1.6	P1.5	P1.4	P1.3	P1.2	P1.1	P1.0
对应灯的状态	○	●	○	●	●	○	●	●

　　注：●表示灭，○表示亮。

　　2. 修改源程序，加快灯的闪动速度或减慢灯的闪动速度。

　　3. 设计一个简单的单片机应用系统：用 P1 口的任意三个管脚控制发光二极管，模拟交通灯的控制。

　　4. 单片机应用系统中的硬件与软件是什么关系？软件如何实现对硬件的控制？

　　5. 观察大街上的霓虹灯的显示方式，思考如何编程实现各种显示方式。

任务六 信号灯电路的设计与仿真

任务要求

➤ 掌握单片机集成开发环境 Keil C51、PROTEUS 电路设计及仿真的使用方法。

➤ 信号灯电路的设计与仿真。

相关知识

　　Proteus ISIS 是英国 Labcenter Electronics 公司开发的电路分析与实物仿真软件。它运行于 Windows 操作系统上，可以仿真、分析(SPICE)各种模拟器件和集成电路，该软件的特点是：①实现了单片机仿真和 SPICE 电路仿真相结合。具有模拟电路仿真、数字电路仿真、单片机及其外围电路组成的系统的仿真、RS232 动态仿真、I2C 调试器、SPI 调试器、键盘和 LCD 系统仿真的功能；有各种虚拟仪器，如示波器、逻辑分析仪、信号发生器等。②支持主流单片机系统的仿真。目前支持的单片机类型有：68000 系列、8051 系列、AVR 系列、PIC12 系列、PIC16 系列、PIC18 系列、Z80 系列、HC11 系列及各种外围芯片。③提供软件调试功能。在硬件仿真系统中具有全速、单步、设置断点等调试功能，同时可以观察各个变量、寄存器等的当前状态，因此在该软件仿真系统中，也必须具有这些功能，同时支持第三方的软件编译和调试环境，如 Keil C51 uVision2 等软件。④具有强大的原理图绘制功能。总之，该软件是一款集单片机和 SPICE 分析于一身的仿真软件，功能极其强大。

一、Proteus ISIS 窗口与基本操作

(一) 进入 Proteus ISIS

　　双击桌面上的 ISIS 7 Professional 图标或者依次单击屏幕左下方的"开始"→"程序"→"Proteus 7 Professional"→"ISIS 7 Professional"选项，ISIS 7 Professional 在程序中的位置如图 6.1 所示。

(二) 工作界面

　　Proteus ISIS 的工作界面是一种标准的 Windows 界面，包括：标题栏、主菜单、标准工具栏、绘图工具栏、状态栏、对象选择按钮、预览对象方位控制按钮、仿真进程控制按钮、预览窗口、对象选择器窗口、图形编辑窗口，如图 6.2 所示。

图 6.1　ISIS 7 Professional 在程序中的位置

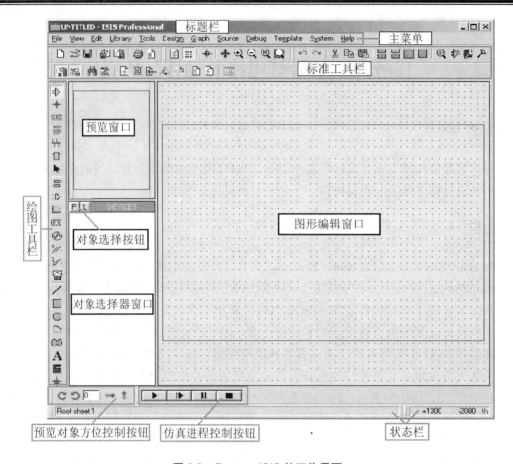

图 6.2　Proteus ISIS 的工作界面

1. 图形编辑窗口

在编辑区中可编辑原理图，设计电路及各种符号、元器件模型等，是各种电路、单片机系统的 PROTEUS 仿真平台。窗口中的方框为图纸边界，框内为可编辑区，电路设计要在此框内完成。

2. 预览窗口

该窗口通常显示整个电路图的缩略图。在预览窗口上单击，将会有一个矩形蓝绿框标志在编辑窗口中的显示区域。其他情况下，预览窗口显示将要放置的对象的预览。这种 Place Preview 特性在下列情况下被激活。

● 当一个对象在选择器中被选中；

● 当使用旋转或镜像按钮时；

● 当为一个可以设定朝向的对象选择类型图标时(如 Component icon, Device Pin icon 等)；

● 当放置对象或者执行其他非以上操作时，Place Preview 会自动消除；

● 对象选择器(Object Selector)根据由图标决定的当前状态显示不同的内容。显示对象的类型包括：设备、终端、管脚、图形符号、标注和图形。

在某些状态下，对象选择器有一个 Pick 切换按钮，单击该按钮可以弹出库元件选取窗体。通过该窗体可以选择元件并置入对象选择器，在今后绘图时使用。

3. 对象选择器窗口

对象选择器用来选择元器件、终端、图表、信号发生器、虚拟仪器等。该选择器在上方还带有一个条形标签，其内容表明当前所处的模式及其下所列的对象类型，如图 6.3 所示，当前为元器件模式 ⬧，所以对象选择器上方的标签为 DEVICES。对象选择器在左上角，其中"P"为对象选择按钮，"L"为库管理按钮。当处于元器件模式时，单击"P"按钮则可从库中选取元器件，并将所选元器件的名称一一列在此对象选择器框中。如图 6.3 所示，当前选中的是发光二极管 LED。

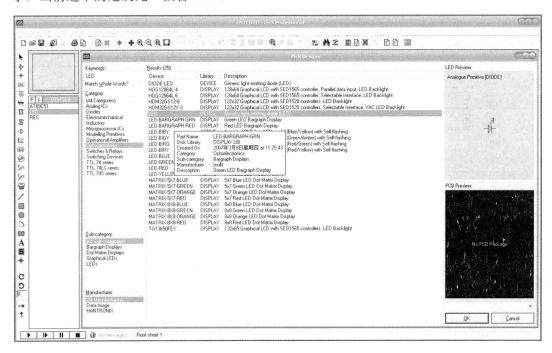

图 6.3　对象选择器窗口

4. 工具栏及其工具按钮

常用工具栏及工具按钮如表 6.1 所示。

表 6.1　常用工具栏及工具按钮

按钮	对应菜单	功能
🗋	File→ New	新建一个设计文件
🗁	File→Open	打开一个设计文件
🖫	File→Save	保存当前设计
↻	View→Redraw	显示刷新
⊞	View→Grid	显示/不显示网格点切换

续表

按钮	对应菜单	功能
	View→Origin	显示/不显示手动原点
	View→Pan	以鼠标所在点位中心进行显示
	View→Zoom In	放大
	View→Zoom Out	缩小
	View→Zoom All	显示全部
	View→Zoom to Area	缩放一个区域
	Edit→Undo	撤销
	Edit→Redo	恢复
	Edit→Cut to clipboard	剪切入裁剪板
	Edit→Copy to clipboard	复制入裁剪板
	Edit→Paste from clipboard	将裁切板中的内容粘贴到电路图中
	block Copy	复制选中的块对象
	block Move	移动选中的块对象
	block Rotate	旋转选中的块对象
	block Delete	删除选中的块对象
	Library→Pick Device/Symbol	拾取元器件/符号
	Library→Make Device	制作元件
	Tools→Wire Auto Router	自动布线器
	Tools→Search and Tag	查找并标记
	View BOM Report	查看元件清单
	Tools→Electrical Rule Check	生成电气规则检查报告
	Tools→Netlist to ARES	创建网络表
		选择模式
		选择元件(默认选择)
		放置连接点
		放置电线标签
		放置文本
		绘制总线
		绘制子电路模块
		终端(V_{CC}、地、输出、输入)
		元器件引脚
		激励源(正弦激励源、脉冲激励源等)
		电压探针
		电流探针
		虚拟仪器(示波器、逻辑分析仪等)

续表

按钮	对应菜单	功能
C		顺时针方向旋转
Ↄ		逆时针方向旋转
↔		水平镜像
↕		垂直镜像
▶		运行
▐▶		单步运行
▐▐		暂停
▐■		停止

任务实施

一、任务实施分析

(一) 硬件电路

信号灯控制电路是 AT89C51 单片机的一种简单电路，它包含 3 个部分：晶振电路、上电复位电路和用户电路。信号灯控制电路如图 6.4 所示(晶振电路、复位电路略)。

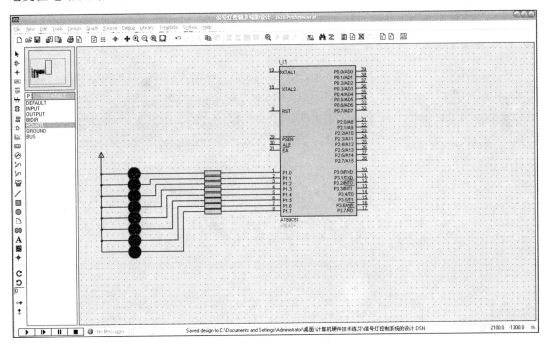

图 6.4　信号灯控制电路

(二) 软件设计

单片机控制系统与传统的模拟和数字控制系统的最大区别在于，单片机系统除了硬件以外还必须有程序支持，信号灯电路所使用的程序清单如下。

```
        ORG     00H
START:  MOV     P1,#0FFH
        ACALL   DELAY
        MOV     P1,#00H
        ACALL   DELAY
        SJMP    START
DELAY:  MOV     R7,#200
D1:     MOV     R6,#200
D2:     NOP
        NOP
        NOP
        NOP
        DJNZ    R6,D2
        DJNZ    R7,D1
        RET
        END
```

调整 $R6$ 和 $R7$ 的值，可改变延时时间。

二、任务实施步骤

(一) 建立、保存、打开文件

单击"FILE"菜单，选择 NEW DESIGN"选项，弹出如图 6.5 所示的"Create New Design"(新建设计)对话框。直接单击"OK"按钮，则以默认(default)的模板建立一个新的空白文件。

单击"工具"按钮，取文件后再单击"保存"按钮，则完成新建文件操作，文件名为 *.DSN，后缀 DSN 是系统自动加上的。若文件已存在，则可单击工具栏中的按钮，选择所要求的设计文件(*.DSN)。

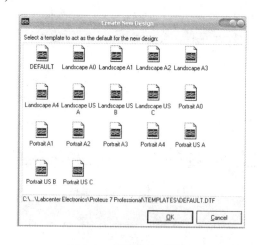

图 6.5　新建设计对话框

(二) 改变图纸大小

系统默认图纸大小为 A4，长×宽为 10in×7in。若要改变图纸大小，单击"System"菜单，选择"Set Sheet Size"选项，弹出如图 6.6 所示的对话框。可以选择 A0～A4 其中之一，也可以勾选图 6.6 底部"user"(自定义)复选框，在按需要更改右边的长和宽数据。

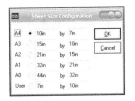

图 6.6　改变图纸大小窗口

(三) 元件的拾取

打开 Proteus ISIS 编辑环境，按表 6.2 所示清单添加元件。

表 6.2　元器件清单

序号	元件名称	类	子类
1	AT89C51	Microprocessor ICs	8051 Family
2	CAP	Capacitors	Generic
3	CAP-ELEC	Capacitors	Generic
4	CYRSTAL	Miscellaneous	
5	BUTTON	Switches&Relays	Switches
5	RES	Resistors	Generic
6	LED-RED	Optoelectronics	LEDs

单击界面左侧预览窗口下的"P"按钮，则弹出如图 6.7 所示的"Pick Devices"(元件拾取)对话框。

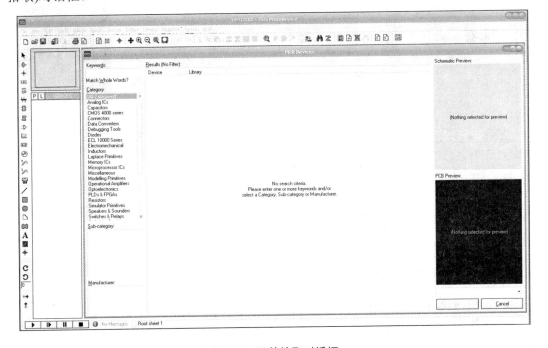

图 6.7　元件拾取对话框

ISIS 7 Professional 的元件拾取就是把元件从元件拾取对话框中拾取到图形编辑界面的对象选择器中。元件拾取共有两种方法。

1. 按类别查找和拾取元件

元件通常以其英文名称或器件代号在库中存放。我们在取一个元件时，首先要清楚它属于哪一大类，然后还要知道它归属哪一子类，这样就缩小了查找范围，然后在子类所列出的元件中逐一查找，根据显示的元件符号、参数来判断是否找到了所需的元件。双击找到的元件名，该元件便拾取到编辑界面中了。

按表 6.2 的顺序来拾取元件。

首先是 AT89C51，在图中弹出的元件对话框中，在"Microprocessor ICs"类中选中"8051 Family"子类，在查询结果列表中找到"AT89C51"。双击元件名，元件即被选入编辑界面的元件区中了。如图 6.8 所示，单击一个元件后单击右下角的"OK"，元件拾取后对话框关闭。连续取元件时不要单击"OK"按钮，直接双击元件名可继续。

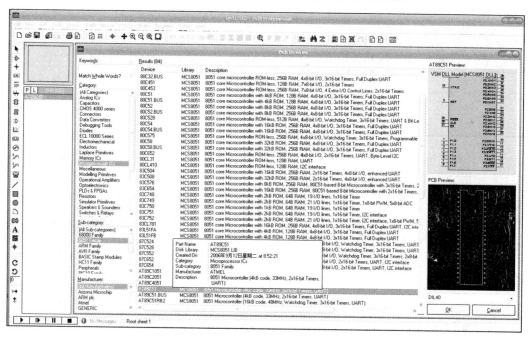

图 6.8　AT89C51 拾取对话框

拾取元件对话框共分 4 部分，左侧从上到下分别为直接查找时的名称输入(keywords)、分类查找时的大类列表、子类列表和生产厂家列表。中间为查到的元件列表。右侧自上而下分别为元件图形和元件封装。

2. 直接查找和拾取元件

把元件名的全称或部分输入到"Keywords"栏中，如"AT89C51"，则可看到元器件列表。从列表中选中 AT89C51 行后，再双击，便可将 AT89C51 选入对象选择器中，如图 6.9 所示。

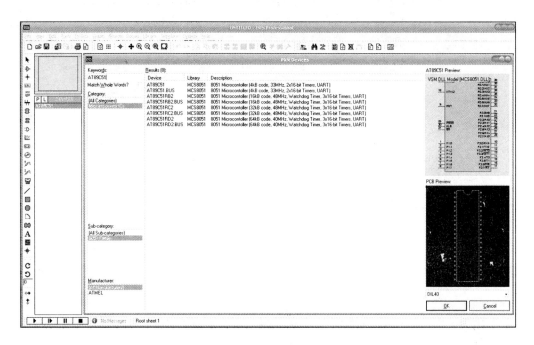

图 6.9　AT89C51 直接拾取对话框

　　按照上述的拾取方法，依次把 6 个元件拾取到编辑界面的对象选择器中，然后关闭元件拾取对话框。元件拾取后的界面如图 6.10 所示。

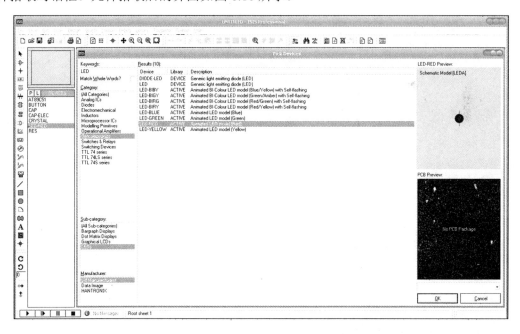

图 6.10　元件拾取完成后对话框

　　下面把元件从对象选择器中放置到图形编辑区中。单击对象选择区的元件名，双击图形编辑区，元件即被放置到编辑区中，放置后的界面如图 6.11 所示(略去晶振电路和复位电路)。

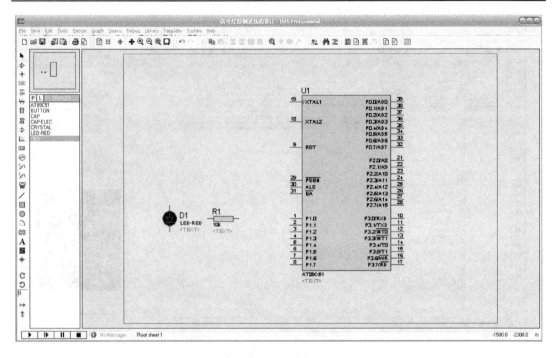

图 6.11　放置元件界面

(四) 元件位置的调整和参数的修改

1. 放置

在对象选择器中选取要放置的元器件，再在 ISIS 编辑区空白处单击。

2. 选中

单击编辑区某对象，默认为红色高亮显示。

3. 取消选择

在编辑区的空白处单击。

4. 移动

单击对象，再按住鼠标左键拖动。

5. 转向

对象选择器中的对象转向，单击 $\overline{\circlearrowleft\circlearrowright\mathrel{\scriptscriptstyle\llcorner}\;\updownarrow\leftrightarrow}$ 中相应按钮即可。
编辑区中的对象转向，右击操作对象，从弹出的快捷菜单中选中相应的旋转按钮。

6. 复制

选中对象后，单击 按钮。

7. 粘贴

复制操作后，单击 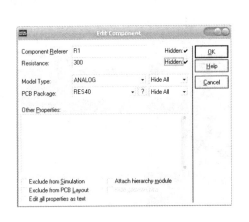 按钮，然后在编辑区单击。

8. 删除

双击或右击对象快捷菜单中的操作命令 ▓ 。

9. 修改参数

双击编辑区中的电阻 R1，弹出"Edit Component"(元件属性设置)对话框，如图 6.12 所示。把 R1 的阻值由 10kΩ改为 300Ω(默认单位为Ω)，为了使电路清晰，勾选 R1 和 300 的"Hidden"复选框，可隐藏标志。

注意到每个元件的旁边显示灰色的<TEXT>，为了使电路清晰，可以取消此文字显示。双击此文字，弹出 Edit Component Properties 对话框，如图 6.13 所示。在对话框中单击 Style 选项卡，先取消勾选 Visible 右边的 Follow Global 复选框，再取消勾选 Visible 复选框，单击 OK 按钮即可。

图 6.12　元件属性对话框

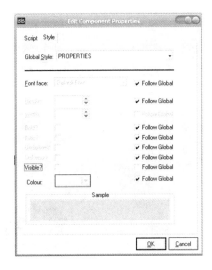

图 6.13　取消文字显示对话框

按照上述方法，也可修改其他元件参数。

10. 块操作(多个对象同时操作)

选中操作对象，再单击 ▓ ▓ ▓ ▓ 中相应的工具按钮。

拖动左键，选中 R1，如图 6.14 所示，单击 ▓ 按钮，即可复制电阻。

拖动左键，选中 LED，单击 ▓ 按钮，弹出"Block Rotate/Reflect"对话框，在"Angle"文本框中输入"90"(旋转的角度)，如图 6.15 所示，单击"OK"按钮，然后再复制 LED。

按图 6.16 布置好元件。

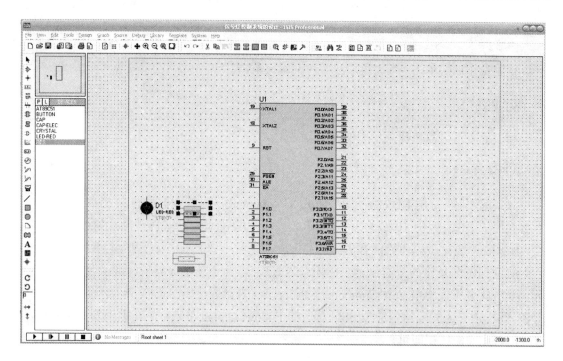

图 6.14 复制对象界面

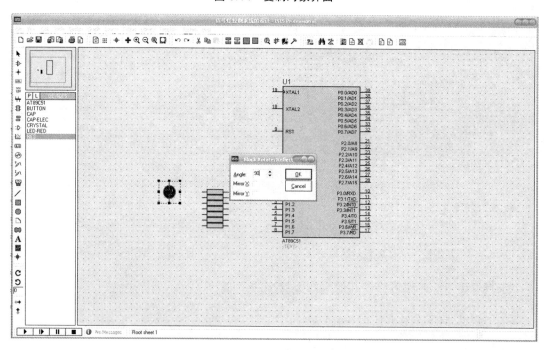

图 6.15 旋转对象界面

(五) 放置电源、地

单击工具栏中的终端按钮，从图 6.17 所示的终端符号选择 POWER(电源)、GROUND(地)。

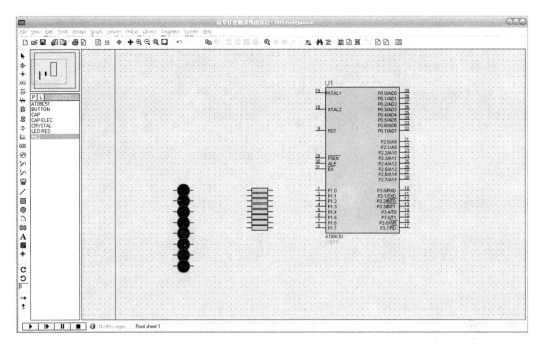

图 6.16　元件布置后界面

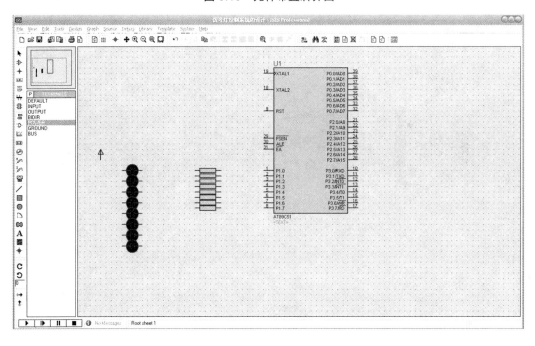

图 6.17　放置电源界面

(六) 电路连线

1. 自动布线

系统默认自动布线 ⚏ 有效。只要单击连线的起点和终点，系统会自动以直角走线，生成连线。在前一指针着落点和当前点之间会自动预画线，它可以是带直角的线。在引脚末端选定第一个画线点后，随指针移动会有预画细线出现，当遇到障碍时，系统会自动绕开障碍。这正是智能绘图的表现。

2. 手工调整线形

要进行手工直角画线，直接在移动鼠标的过程中单击即可。若要手工任意角度画线，在移动鼠标的过程中按住 Ctrl 键，移动指针，预画线自动随指针呈任意角度，确定后单击即可。

3. 移动画线、改变线形

选中要改变的画线，指针靠近画线，出现"X"捕捉标志，按下左键，若出现双箭头，表示可沿垂直于该线的方向移动。此时拖动鼠标，就近的线会跟随移动，图 6.18 所示的为水平拖动；按住拐点或斜线上的任意一点，出现上下左右箭头，表示可以任意角度拖动画线。

布线完成后的电路如图 6.18 所示。

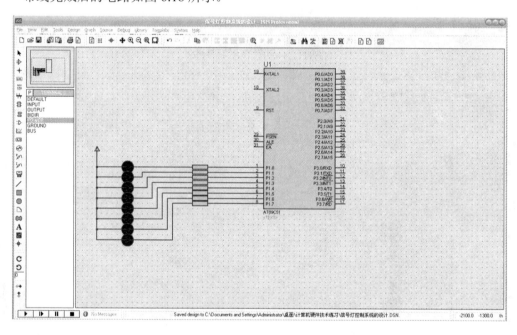

图 6.18　电路布线界面

（七）电气检测

设计电路完成后，单击工具栏中电气检查按钮 ，会出现检查结果窗口。窗口前面是一些文本信息，接着是电气检查列表。若有错，会有详细的说明。也可单击"Tools"菜单，选择"Electrical Rule Check"选项，完成电气检测。

（八）源程序设计和生成目标代码文件

参阅本书 Keil 及应用相关内容。

(九) 加载目标代码文件

在 ISIS 编辑区中双击单片机，弹出如图 6.19 所示的加载目标代码文件和设置时钟频率的"Edit Component"对话框。单击在"Program File"栏右侧的打开按钮，弹出文件列表，从中选择目标代码文件信号灯.HEX；在"Clock Frequency"文本框中填上时钟频率(本例为 12MHz)，再单击"OK"按钮，则可完成加载目标代码文件和设置时钟频率的操作。

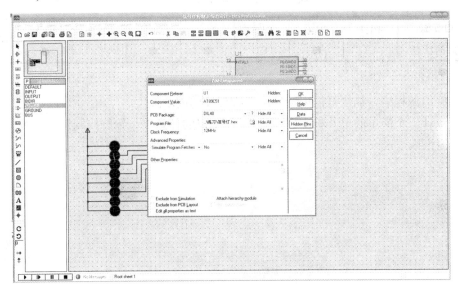

图 6.19　加载目标代码界面

(十) 仿真

单击仿真按钮中的按键 ▶，则全速仿真，出现 8 个发光二极管按照全亮、全灭的规律不停地循环变化的现象。图 6.20 正是 LED 信号灯的仿真片段。

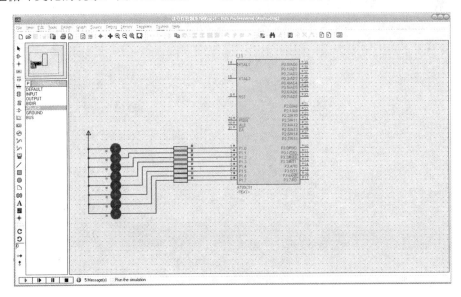

图 6.20　仿真运行界面

三、学习状态反馈

完成以下任务的设计与仿真调试。

1. 修改源程序，使 8 个发光二极管按照下面形式发光，如表 6.3 所示。

表 6.3 发光二极管的发光形式

P1 口管脚	P1.7	P1.6	P1.5	P1.4	P1.3	P1.2	P1.1	P1.0
对应灯的状态	○	●	○	●	●	○	●	●

注：●表示灭，○表示亮。

2. 修改源程序，加快灯的闪动速度或减慢灯的闪动速度。

3. 设计一个简单的单片机应用系统：用 P1 口的任意 3 个管脚控制发光二极管，模拟交通灯的控制。

任务七　温度计显示的设计

任务要求

➢ 两位温度计的静态显示。

➢ 温度计的动态显示。

相关知识

一、LED 显示器的结构与原理

在单片机应用系统中通常使用的是 8 段式 LED 数码管显示器，它有共阴极和共阳极两种，如图 7.1 所示。

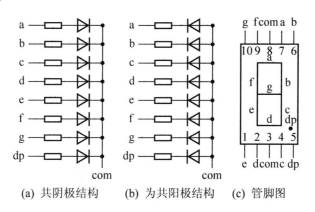

(a) 共阴极结构　　(b) 为共阳极结构　　(c) 管脚图

图 7.1　LED 数码管结构

从 a~g 管脚输入不同的 8 位二进制编码，可显示不同的数字或字符。

LED 数码管字段码如表 7.1 所示，共阴极和共阳极的字段码互为反码。

表 7.1　LED 数码管字段码

显示字符	共阴极字段码	共阳极字段码	显示字符	共阴极字段码	共阳极字段码
0	3FH	C0H	8	7FH	80H
1	06H	F9H	9	6FH	90H
2	5BH	A4H	A	77H	88H
3	4FH	B0H	B	7CH	83H
4	66H	99H	C	39H	C6H
5	6DH	92H	D	5EH	A1H
6	7DH	82H	E	79H	86H
7	07H	F8H	F	71H	8EH

二、LED 数码管的译码方式

译码方式是指由显示字符转换得到对应的字段码的方式。

(一) 硬件译码方式

硬件译码方式是指利用专门的硬件电路来实现显示字符到字段码的转换，这样的硬件电路有很多，如 MOTOTOLA 公司生产的 MC14495 芯片就是其中的一种，MC14495 是共阴极一位十六进制数——字段码转换芯片，能够输出用四位二进制表示形式的一位十六进制数的七位字段码，不带小数点。它的内部结构如图 7.2 所示。

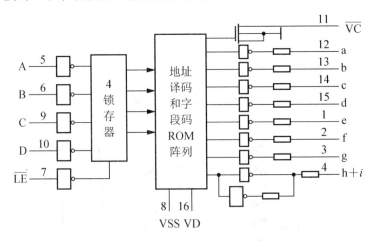

图 7.2　LED 数码管硬件译码方式

(二) 软件译码方式

软件译码方式就是通过编写软件译码程序，通过译码程序来得到要显示的字符的字段码。

三、LED 数码管的显示方式

(一) LED 静态显示

LED 静态显示时，其公共端直接接地(共阴极)或接电源(共阳极)，各段选线分别与 I/O 口线相连。要显示字符，直接在 I/O 线送相应的字段码，如图 7.3 所示。

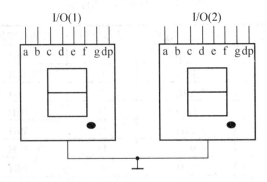

图 7.3　LED 数码管静态显示

（二）LED 动态显示

LED 动态显示是将所有的数码管的段选线并接在一起，用一个 I/O 口控制，公共端不是直接接地(共阴极)或电源(共阳极)，而是通过相应的 I/O 口线控制，如图 7.4 所示。

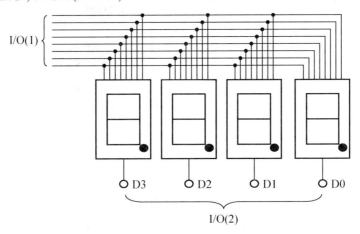

图 7.4　LED 数码管动态显示

设数码管为共阳极，它的工作过程是：第一步使右边第一个数码管的公共端 D0 为 1，其余的数码管的公共端为 0，同时在 I/O(1)上送右边第一个数码管的字段码，这时，只有右边第一个数码管显示，其余不显示；第二步使右边第二个数码管的公共端 D1 为 1，其余的数码管的公共端为 0，同时在 I/O(1)上送右边第二个数码管的字段码，这时，只有右边第二个数码管显示，其余不显示，依此类推，直到最后一个，这样四个数码管轮流显示相应的信息，一个循环完后，下一循环又这样轮流显示，从计算机的角度看是一个一个地显示，但由于人的视觉滞留，只要循环的周期足够快，那么看起来所有的数码管都是一起显示的了。这就是动态显示的原理。而这个循环周期对于计算机来说很容易实现。所以在单片机中经常用到动态显示。

LED 显示器从译码方式上分，有硬件译码方式和软件译码方式。从显示方式上分，有静态显示方式和动态显示方式。在使用时可以把它们组合起来。在实际应用时，若数码管个数较少，则通常用硬件译码静态显示；若数码管个数较多，则通常用软件译码动态显示。

任务实施

一、任务实施分析

（一）硬件电路

温度静态显示电路如图 7.5 所示。

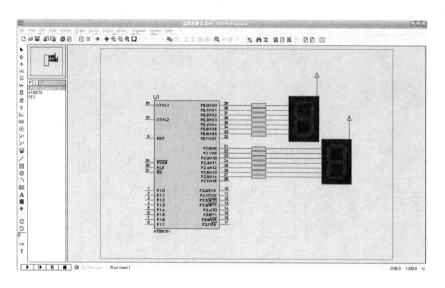

图 7.5　温度的静态显示

(二) 软件设计

电路所使用的程序清单如下。

```
            ORG     0000H
START:  MOV     P0,#0FFH        ;P0 口数码管全暗
        MOV     P2,#0FFH        ;P1 口数码管全暗
START1: MOV     R0,#3           ;P0 口显示初值 3
        MOV     A,R0
        ACALL   SEG7            ;根据显示值查显示码
        MOV     P0,A            ;显示码送 P0
        ACALL   DELAY           ;延时
        MOV     R0,#2           ;P2 口显示初值 2
        MOV     A,R0
        ACALL   SEG7            ;根据显示值查显示码
        MOV     P2,A            ;显示码送 P2
        ACALL   DELAY           ;延时
        JMP     START1          ;循环
DELAY:  MOV     R7,#2
D1:     MOV     R6,#235
D2:     NOP
        DJNZ    R6,D2
        DJNZ    R7,D1
        RET
SEG7:   INC     A
        MOVC    A,@A+PC
        RET
        DB      0C0H,0F9H,0A4H,0B0H,99H
        DB      92H,82H,0F8H,80H,90H,88H
        DB      83H,0C6H,0A1H,86H,8EH
        END
```

二、任务实施步骤

请参阅本书任务六。

元器件清单如表 7.2 所示。

表 7.2 元器件清单

序号	元件名称	类	子类
1	AT89C51	Microprocessor ICs	8051 Family
2	CAP	Capacitors	Generic
3	CAP-ELEC	Capacitors	Generic
4	CYRSTAL	Miscellaneous	
5	BUTTON	Switches & Relays	Switches
6	RES	Resistors	Generic
7	7SEG-COM-AN-BLUE	Optoelectronics	7-Segment Displays

三、学习状态反馈

1. 画出以上程序流程图。

2. 如果温度值已存储在内部数据存储器的某一单元中，程序该如何修改？

四、提高

(一) 硬件电路

温度动态显示电路如图 7.6 所示。

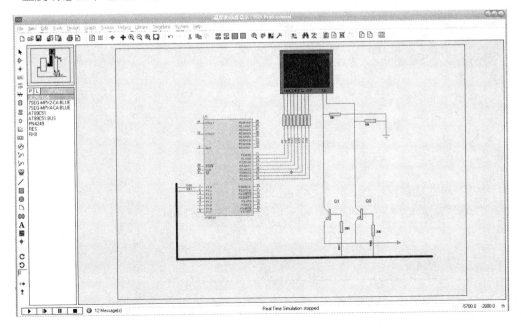

图 7.6　温度的动态显示

(二) 软件设计

电路所使用的程序清单如下。

```
                ORG     0000H
        START:  MOV     A,#00H
                MOV     P1,#0FFH          ;关闭位选
                MOV     P2,#0FFH          ;关闭段选
        START1: MOV     R0,#2H            ;计数器预设为2
                MOV     R1,#0FDH          ;选通P1.1
        START2: MOV     A,R0              ;取显示温度,先高位后低位
                ACALL   QS
                LCALL   SEG7              ;转换为七段阴码
                CPL     A                 ;再转换为阳码
                MOV     P2,A              ;送P2口显示
                MOV     A,R1              ;位选通送P1口
                MOV     P1,A
                LCALL   DELAY             ;延时
                MOV     P1,#0FFH          ;关闭位选
        START4: DEC     R0
                CJNE    R0,#0,START3      ;两位是否扫描完成
                SJMP    START1            ;循环
        START3: MOV     A,R1
                RR      A                 ;修改位选
                MOV     R1,A
                SJMP    START2
        DELAY:  MOV     R7,#20
                MOV     R6,#0
        DELAY1: DJNZ    R6,$
                DJNZ    R7,DELAY1
                RET
        SEG7:   INC     A 计              ;将温度转换为七段阴码
                MOVC    A,@A+PC
                RET
                DB      3FH,06H,5BH,4FH,66H,6DH,7DH,07H
                DB      7FH,6FH,77H,7CH,39H,5EH,79H,71H
        QS:     MOVC    A,@A+PC           ;待显温度
                RET
                DB      06H,08H
                END
```

(三) 仿真结果

仿真结果如图 7.7 所示。

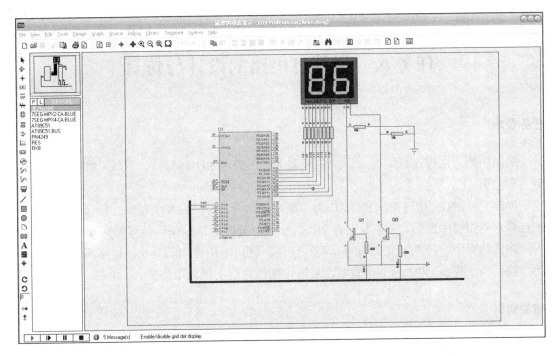

图 7.7　温度的动态显示仿真结果

（四）思考

1. 画出以上程序流程图。
2. 若要改变显示数值，程序该如何修改？
3. 电路中为什么增加了晶体管？
4. 如果要从低位开始显示，程序该如何修改？
5. 若要变成显示四位温度，硬件、软件该如何修改？

任务八　报警灯电路的设计与仿真

任务要求

采用中断方法控制灯的亮灭，由中断服务程序控制 I/O 口置高、置低，即可控制灯的全亮和全灭。

外部中断 INT1 接按键(KEY)，作为中断申请信号，开机后 8 个发光二极管从左到右逐一点亮，有报警中断后，8 个发光管全亮、全灭，延时一定时间后，再循环。

在该项目中，控制发光二极管全亮、全灭，既可采用查询的方法，也可采用申请中断的方法。为了提高 CPU 的工作效率，采用中断的方法实现以上功能。

相关知识

一、中断的概念

为了提高 CPU 的工作效率及对实时系统的快速响应，产生了中断控制方式的信息交换。

在日常生活中广泛存在着"中断"的例子。例如，一个人正在看书，这时电话铃响了，于是他将书放下去接电话，为了在接完电话后继续看书，他必须记下当时的页号，接完电话后，将书取回，从刚才被打断的位置继续往下阅读。由此可见，中断是一个过程。当 CPU 正在处理某项事务的时候，如果外界或内部发生了紧急事件，要求 CPU 暂停正在处理的工作转而去处理这个紧急事件，待处理完以后再回到原来被中断的地方，继续执行原来被中断了的程序，这样的过程称为中断。

向 CPU 提出中断请求的源称为中断源。微型计算机一般允许有多个中断源。当几个中断源同时向 CPU 发出中断请求时，CPU 应优先响应最需紧急处理的中断请求。为此，需要规定各个中断源的优先级，使 CPU 在多个中断源同时发出中断请求时能找到优先级最高的中断源，响应它的中断请求。在优先级高的中断请求处理完了以后，再响应优先级低的中断请求。

当 CPU 正在处理一个优先级低的中断请求的时候，如果发生另一个优先级比它高的中断请求，CPU 能暂停正在处理的中断源的处理程序，转去处理优先级高的中断请求，待处理完以后，再回到原来正在处理的低级中断程序，这种高级中断源能中断低级中断源的中断处理称为中断嵌套。

在中断过程中，应注意如下几方面。

- 外部或内部的中断请求是随机的，若当前程序允许处理应立即响应；
- 在内存中必须有处理该中断的处理程序；
- 系统怎样才能正确地由现行程序转去执行中断处理程序；
- 当中断处理程序执行完毕后怎样才能正确地返回。

现在再从另一方面分析，整个中断的处理过程就像子程序调用，但是本质的差异是调用的时间是随机的，调用的形式是不同的。因此，可以认为处理中断的过程是一种特殊的子程序调用。如图 8.1 和图 8.2 所示。

中断有两个重要特征：程序切换(控制权的转移)和随机性。

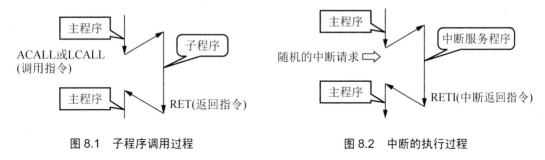

图 8.1　子程序调用过程　　　　　　　　　图 8.2　中断的执行过程

二、AT89C51 中断源与中断向量地址

AT89C51 单片机允许有 5 个中断源，提供两个中断优先级(能实现二级中断嵌套)。每一个中断源的优先级的高低都可以通过编程来设定。中断源的中断请求是否能得到响应，受中断允许寄存器 IE 的控制；各个中断源的优先级可以由中断优先级寄存器 IP 中的各位来确定；同一优先级中的各中断源同时请求中断时，由内部的查询逻辑来确定响应的次序。

AT89C51 中断系统可用图 8.3 来表示。五个中断源是：

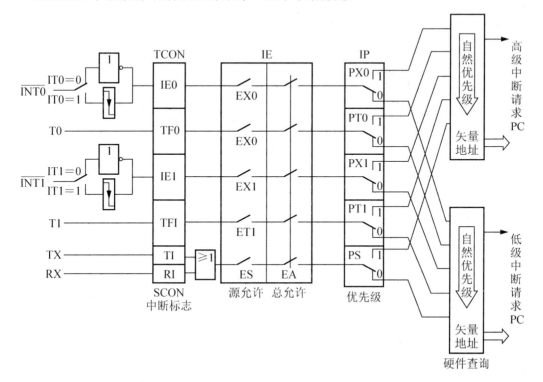

图 8.3　中断系统

- $\overline{INT0}$ 来自 P3.2 引脚上的外部中断请求(外中断 0)。
- $\overline{INT1}$ 来自 P3.3 引脚上的外部中断请求(外中断 1)。
- T0 片内定时器/计数器 0 溢出(TF_0)中断请求。
- T1 片内定时器/计数器 1 溢出(TF_1)中断请求。
- 片内串行口完成一帧发送或接收中断请求源 TI 或 RI。

每一个中断源都对应有一个中断请求标志位,它们设置在特殊功能寄存器 TCON 和 SCON 中。当这些中断源请求中断时,分别由 TCON 和 SCON 中的相应位来锁存。

(一) 外部中断

外部中断包括外部中断 0 和外部中断 1。它们的中断请求信号分别由单片机引脚 $\overline{INT0}$/P3.2 和 $\overline{INT1}$/P3.3 输入。

外部中断请求有两种信号方式:电平方式和脉冲方式。电平方式的中断请求信号是低电平有效,即只要在 $\overline{INT0}$ 或 $\overline{INT1}$ 引脚上出现低电平时,就激活外部中断标志。脉冲方式的中断请求信号则是脉冲的负跳变有效。在这种方式下,在两个相邻机器周期内,$\overline{INT0}$ 或 $\overline{INT1}$ 引脚电平状态发生变化,即在第一个机器周期内为高电平,第二个机器周期内为低电平,就激活外部中断标志。

(二) 内部定时和外部计数中断

单片机芯片内部有两个定时器/计数器对脉冲信号进行计数。若脉冲信号为内部振荡器输出的脉冲(机器周期信号),则计数脉冲的个数反映了时间的长短,称为定时方式。若脉冲信号为来自 T0/P3.4、T1/P3.5 的外部脉冲信号,则计数脉冲的个数仅仅反映外部脉冲输入的多少,称为计数方式。

当定时器/计数器发生溢出(计算器状态由 FFFFH 再加 1,变为 0000H 状态),CPU 查询到单片机内部硬件自动设置的一个溢出标志位为 1 时,便激活中断。

定时方式中断由单片机芯片内部发生,不需要在芯片外部设置引入端。计数方式中断由外部输入脉冲(负跳变)引起,脉冲加在引脚 T0/P3.4、T1/P3.5 端。

(三) 串行中断

串行中断是为串行通信的需要而设置的。当串行口发送完或接收完一帧信息时,单片机内部硬件便自动串行发送或接收中断标志位置 1。当 CPU 查询到这些标志为 1 时,便激活串行中断。串行中断是由单片机内部自动发生的,不需要在芯片外设置引入脚。

5 个中断源如图 8.4 所示。

(四) 中断向量地址

中断源发出请求,CPU 响应中断后便转向中断服务程序。中断源引起的中断服务程序入口地址即为中断向量地址。中断向量地址是固定的,用户不可改变。中断服务入口地址如表 8.1 所示。

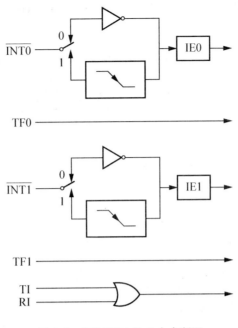

图 8.4　AT89C51 的 5 个中断源

表 8.1　中断源及其对应的向量

中断源		中断标志位	中断向量地址
外部中断 0($\overline{INT0}$)		IE0	0003H
定时器 0(T0)中断		TF0	000BH
外部中断 1($\overline{INT1}$)		IE1	0013H
定时器 1(T1)中断		TF1	001BH
串行口中断	发送中断	TI	0023H
	接收中断	RI	

　　由于两个相邻的中断服务程序入口地址间隔仅为 8B，一般的中断服务程序是容纳不下的。通常是在相应的中断服务程序入口地址中放一条长跳转指令 LJMP，这样就可以转到 64KB 的任何可用区域了。若在 2KB 范围内转移，则可存放 AJMP 指令。

　　由于 0003H～0023H 是中断向量地址区，因此，单片机应在程序入口地址 0000H 处放一条无条件转移指令(如 LJMP XXXXH)，转到指定的主程序地址。

三、中断标志与控制

　　要实现中断，首先中断源要提出中断申请，而中断请求的过程是单片机内部特殊功能寄存器 TCON 和 SCON 相关状态位及中断请求标志位置 1 的过程，当 CPU 响应中断时，中断请求标志位才由硬件或软件清 0。

　　(一)　定时器/计数器控制寄存器 TCON

　　TCON 主要用于寄存外部中断请求标志、定时器溢出标志、和外部中断触发方式的选择。

该寄存器的字节地址是 88H，可以位寻址；位地址是 88H~8FH。其格式如表 8.2 所示。

表 8.2　TCON 的格式

位序	D7	D6	D5	D4	D3	D2	D1	D0
位标志	TF1	TR1	TF0	TR0	IE1	IT1	IE0	IT0
位地址	8FH	8EH	8DH	8CH	8BH	8AH	89H	88H

其中与中断有关的控制位共 6 位：

IE0 和 IE1：外部中断请求标志。当 CPU 采样到 $\overline{INT0}$ (或 $\overline{INT1}$)端出现有效中断请求(低电平或脉冲下降沿)时，IE0(或 IE1)位由片内硬件自动置 1；当中断响应完成转向中断服务程序时，由片内硬件自动清 0。

IT0 和 ITl：外部中断请求信号触发方式控制标志。

IT0(或 IT1)=1，$\overline{INT0}$ (或 $\overline{INT1}$)信号为脉冲触发方式，脉冲负跳沿有效；

IT0(或 IT1)=0，$\overline{INT0}$ (或 $\overline{INT1}$)信号电平触发方式，低电平有效。

IT0(或 IT1)位可由用户软件置 1 或清 0。

TF0 和 TFl：定时器/计数器溢出中断请求标志。当定时器 0(或定时器 1)产生计数溢出时，TF0(或 TF1)由片内硬件自动置 1；当中断响应完成转向中断服务程序时，由片内硬件自动清 0。

该标志位也可用于查询方式，即用户程序查询该位状态，判断是否应转向对应的处理程序段。待转入处理程序后，必须由软件清 0。

(二) 串行口控制寄存器 SCON

SCON 的字节地址是 98H，可以位寻址；位地址是 98H~9FH。其格式如表 8.3 所示。

表 8.3　SCON 的格式

位序	D7	D6	D5	D4	D3	D2	D1	D0
位标志	SM0	SM1	SM2	REN	TB8	RB8	TI	RI
位地址	9FH	9EH	9DH	9CH	9BH	9AH	99H	98H

其中与中断有关的控制位共 2 位：

TI：串行口发送中断请求标志。当串行口发送完一帧信号后，由片内硬件自动置 1。但 CPU 响应中断时，并不清除 TI，必须在中断服务程序中由软件对 TI 清 0。

RI：串行口接收中断请求标志。当串行口接收完一帧信号后，由片内硬件自动置 1。但 CPU 响应中断时，并不清除 RI，必须在中断服务程序中由软件对其清 0。

应当指出，AT89C51 系统复位后，TCON 和 SCON 中各位被复位成"0"状态，应用时要注意各位的初始状态。

(三) 中断允许控制寄存器 IE

CPU 对中断源的开放和屏蔽，以及每个中断源是否被允许中断，都受中断允许寄存器 IE 控制。

中断允许控制寄存器 IE 对中断的开放和关闭实行两级控制。即有一个总中断位 EA。5 个中断源还由各自的控制位进行控制。

IE 寄存器的字节地址是 A8H，可以位寻址；位地址是 A8H~AFH。其格式如表 8.4 所示。

表 8.4　IE 的格式

位序	D7	D6	D5	D4	D3	D2	D1	D0
位标志	EA	—	—	ES	ET1	EX1	ET0	EX0
位地址	AFH	—	—	ACH	ABH	AAH	A9H	A8H

其中与中断有关的控制位共 6 位：

EA：　　　　中断允许总控制位。

　　　　　　EA＝0 时，中断总禁止，禁止一切中断；

　　　　　　EA＝1 时，中断总允许，而每个中断源允许与禁止，分别由各自的允许位确定。

EX0 和 EX1：外部中断允许控制位。

　　　　　　EX0(或 EX1)＝0，禁止外部中断 $\overline{INT0}$(或 $\overline{INT1}$)；

　　　　　　EX0(或 EX1)＝1，允许外部中断 $\overline{INT0}$(或 $\overline{INT1}$)。

ET0 和 ET1：定时器中断允许控制位。

　　　　　　ET0(ET1)＝0，禁止定时器 0(或定时器 1)中断；

　　　　　　ET0(ET1)＝1，允许定时器 0(或定时器 1)中断。

ES：　　　　串行中断允许控制位。

　　　　　　ES＝0，禁止串行(TI 或 RI)中断；

　　　　　　ES＝1，允许串行(TI 或 RI)中断。

在单片机复位后，IE 各位被复位成"0"状态，CPU 处于关闭所有中断的状态。所以，在单片机复位以后，用户必须通过程序中的指令来开放所需中断。

(四) 中断优先级控制寄存器 IP

AT89C51 单片机具有高、低 2 个中断优先级。高优先级用"1"表示，低优先级用"0"表示。各中断源的优先级由中断优先级寄存器 IP 进行设定。IP 寄存器字节地址为 B8H，可以位寻址；位地址为 0BFH~0B8H。寄存器的内容及位地址表示如表 8.5 所示。

表 8.5　IP 的格式

位序	D7	D6	D5	D4	D3	D2	D1	D0
位标志	—	—	—	PS	PT1	PX1	PT0	PX0
位地址	BF	BEH	BDH	BCH	BBH	BAH	B9H	B8H

其中与中断有关的控制位共 5 位：

　　PX0：外部中断 0($\overline{\text{INT0}}$)中断优先级控制位；

　　PT0：定时器 0(T0)中断优先级控制位；

　　PX1：外部中断 1($\overline{\text{INT1}}$)中断优先级控制位；

　　PT1：定时器 1(T1)中断优先级控制位；

　　PS：串行口中断优先级控制位；

　　各中断优先级的设定，可用软件对 IP 的各位置 1 或清 0，为 1 时是高优先级，为 0 时是低优先级。

　　当系统复位后，IP 各位均为 0，所有中断源设置为低优先级中断。例如：

CPU 开中断可由以下两条指令来实现。

```
    SETB  0AFH        ;EA 置 1
```

或

```
    ORL   IE,#80H      ;按位"或",EA 置 1
```

CPU 关中断可由以下两条指令来实现。

```
    CLR  0AFH         ;EA 清 0
```

或

```
    ANL  IE,#7FH       ;按位"与",EA 清 0
```

　　又如设置外部中断源 $\overline{\text{INT0}}$ 为高优先级，外部中断源 $\overline{\text{INT1}}$ 为低优先级，可由下面指令来实现。

```
    SETB  0B8H            ;PX0 置 1
    CLR   0BAH            ;PX1 清 0
```

或

```
    MOV  IP,#000××0×1B   ;PX0 置 1,PX1 清 0
```

四、优先级结构

　　中断优先级只有高、低两级，所以在工作过程中必然会有两个或两个以上中断源处于同一中断优先级。若出现这种情况，内部中断系统对各中断源的处理遵循以下两条基本原则：

　　(1) 低优先级中断可以被高优先级中断所中断，反之不能。

　　(2) 一种中断(不管是什么优先级)一旦得到响应，与它同级的中断不能再中断它。

　　为了实现上述两条规则，中断系统内部包含两个不可寻址的优先级状态触发器。其中一个用来指示某个高优先级的中断源正在得到服务，并阻止所有其他中断的响应；另一个触发器则指出某低优先级的中断源正得到服务，所有同级的中断都被阻止，但不阻止高优先级中断源。

当 CPU 同时收到几个同一优先级的中断请求时，CPU 将按自然优先级顺序确定应该响应哪个中断请求。其自然优先级排列如下：

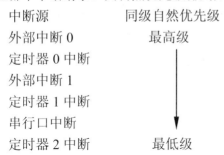

中断源　　　　　　　　同级自然优先级

外部中断 0　　　　　　最高级

定时器 0 中断

外部中断 1

定时器 1 中断

串行口中断

定时器 2 中断　　　　最低级

【例 8-1】设 AT89C51 的片外中断为高优先级，片内中断为低优先级。试设置 IP 相应值。

　　解：(1) 用字节操作指令：

```
    MOV  IP,#05H
```

　　或

```
    MOV  0B8H,#05H
```

(2) 用位操作指令：

```
    SETB  PX0
    SETB  PX1
    CLR   PS
    CLR   PT0
    CLR   PT1
```

五、中断响应过程

1. 中断响应过程

CPU 将不断查询中断请求标志。一旦查询到某个中断请求标志置位，则在查询周期内便会查询到并按优先级高低进行中断处理，中断系统将控制程序转入相应的中断服务程序。下列三个条件中任何一个都能封锁 CPU 对中断的响应。

(1) CPU 正在处理同级的或高一级的中断。

(2) 现行的机器周期不是当前所执行指令的最后一个机器周期。

(3) 当前正在执行的指令是返回(RETI)指令或是对 IE 或 IP 寄存器进行读/写的指令。

上述三个条件中，第二条是保证把当前指令执行完，第三条是保证若在当前执行的是 RETI 指令或是对 IE、IP 进行访问的指令，则必须至少再执行完一条指令之后才会响应中断。

中断查询在每个机器周期中重复执行。这里要注意的是：当中断标志被置位，但因上述条件之一的原因而未被响应，或上述封锁条件已撤销，但中断标志位已不再存在(已不再是置位状态)时，被拖延的中断就不再被响应，CPU 将丢弃中断查询的结果。也就是说，CPU 对中断标志置位后，如未及时响应而转入中断服务程序的中断标志不作记忆。

CPU 响应中断时，先置相应的优先级激活触发器，封锁同级和低级的中断。然后根据中断源的类别，在硬件的控制下，程序转向相应的向量入口单元，执行中断服务程序。

硬件调用中断服务程序时，把程序计数器 PC 的内容压入堆栈(但不能自动保存程序状态字 PSW 的内容)，同时把被响应的中断服务程序的入口地址装入 PC 中。

2. 中断响应时间

外部中断 $\overline{\text{INT0}}$ 和 $\overline{\text{INT1}}$ 的电平在每个机器周期的 S5P2 时被采样并锁存到 IE0 和 IE1 中，这个置入到 IE0 和 IE1 的状态在下一个机器周期才被查询电路查询，如果产生了一个中断请求，而且满足响应的条件，那么 CPU 响应中断，由硬件生成一条长调用指令转到相应的服务程序入口。这条指令是双机器周期指令。因此，从中断请求有效到执行中断服务程序的第一条指令的时间间隔至少需要三个完整的机器周期。

如果中断请求被前面所述的三个条件之一所封锁，那么将需要更长的响应时间。若一个同级的或高优先级的中断已经在进行，则延长的等待时间显然取决于正在处理的中断服务程序的长度。若正在执行的一条指令还没有进行到最后一个周期，则所延长的等待时间不会超过三个机器周期，这是因为指令系统中最长的指令(MUL 和 DIV)也只有四个机器周期。若正在执行的是 RETI 指令或者是访问 IE 或 IP 指令，则延长的等待时间不会超过五个机器周期(为完成正在执行的指令还需要一个周期，加上为完成下一条指令所需要的最长时间——四个周期，如 MUL 和 DIV 指令)。

因此，在系统中只有一个中断源的情况下，响应时间总是在 3~8 个机器周期之间。

3. 外部中断触发方式

外部中断 $\overline{\text{INT}x}$ ($\overline{\text{INT0}}$ 和 $\overline{\text{INT1}}$)可以用程序控制为电平触发或负边沿触发(通过编程对定时器/计数器控制寄存器 TCON 中的 IT0 和 IT1 位进行清 0 或置 1)。

若 IT$X(X=0$，1)为 0，则外部中断 $\overline{\text{INT}x}$ 程序控制为电平触发，由 $\overline{\text{INT}x}$ 引脚上所检测到的低电平(必须保持到 CPU 响应该中断时为止，并且还应在中断返回前变为高电平)触发。

若 IT$X=1$，则外部中断 $\overline{\text{INT}x}$ 由负边沿触发。即在相继的两个机器周期中，前一个周期从 $\overline{INTx}$ 引脚上检测到高电平，而在后一个周期检测到低电平，则置位 TCON 寄存器中的中断请求标志 IEX(IE0 或 IE1)，由 IEX 发出中断请求。

由于外部中断引脚在每个机器周期内被采样一次，所以中断引脚上的电平应至少保持 12 个振荡周期，以保证电平信号能被采样到。对于负边沿触发方式的外部中断，要求输入的负脉冲宽度至少保持 12 个振荡周期(若晶振频率为 12MHz，则宽度为 1μs)，以确保检测到引脚上的电平跳变，而使中断请求标志 IEX 置位。

对于电平触发的外部中断源，要求在中断返回前撤销中断请求(使引脚上的电平变高)是为了避免在中断返回后又再次响应该中断而出错。电平触发方式适用于外部中断输入为低电平，而且能在中断服务程序中撤销外部中断请求源的情况。

(1) 电平触发即 CPU 每执行完一个指令都将 $\overline{\text{INT}x}$ 的信号读入 IEX($\overline{\text{INT}x}=0$，IE$X=1$；$\overline{\text{INT}x}=1$，IE$X=0$)，因此 IEX 的中断请求信号随着 $\overline{\text{INT}x}$ 变化。如果送入 $\overline{\text{INT}x}$ 的中断请求信号 CPU 未能及时检查到，而 $\overline{\text{INT}x}$ 的信号也产生变化，IEX 的信号亦发生变化，那么就会漏掉 $\overline{\text{INT}x}$ 的中断要求。

(2) 负边沿触发即只要检测到送至 $\overline{\text{INT}x}$ 上的信号由 1 变成 0 时，中断请求标志位 IEX 就被设定为 1，并且一直维持着 1，直到此中断请求被接收为止，且必须用软件来清除 IEX，如 JBC IE1、LOOP 等。

4. 中断请求的撤除

在中断请求被响应前，中断源发出的中断请求是由 CPU 锁存在特殊功能寄存器 TCON 和 SCON 的相应中断标志位中的。一旦某个中断请求得到响应，CPU 必须把它的相应中断标志位复位成"0"状态。否则，CPU 就会因为中断标志位未能得到及时撤除而重复响应同一中断请求，这是绝对不能容许的。

89C51 有 5 个中断源，但实际分属于三种中断类型。这三种类型是：外部中断、定时器溢出中断和串行口中断。对于这三种中断类型的中断请求，其撤除方法是不相同的。现对它们分述如下。

(1) 定时器溢出中断请求的撤除

TF0 和 TF1 是定时器溢出中断标志位(见 TCON)，它们因定时器溢出中断源的中断请求的输入而置位，因定时器溢出中断得到响应而自动复位成"0"状态。因此，定时器溢出中断源的中断请求是自动撤除的，用户根本不必专门为它们撤除。

(2) 串行口中断请求的撤除

TI 和 RI 是串行口中断的标志位(见 SCON)，中断系统不能自动将它们撤除，这是因为 CPU 进入串行口中断服务程序后常需要对它们进行检测，以测定串行口发生了接收中断还是发送中断。为防止 CPU 再次响应这类中断，用户应在中断服务程序的适当位置处通过如下指令将它们撤除：

```
CLR   TI    ;撤除发送中断
CLR   RI    ;撤除接收中断
```

若采用字节型指令，则也可采用如下指令：

```
ANL   SCON,#0FCH;撤除发送和接收中断
```

(3) 外部中断请求的撤除

外部中断请求有两种触发方式：电平触发和负边沿触发。对于这两种不同的中断触发方式，CPU 撤除它们的中断请求的方法是不相同的。

　　在负边沿触发方式下,外部中断标志 IE0 或 IE1 是依靠 CPU 两次检测 $\overline{INT0}$ 或 $\overline{INT1}$ 上触发电平状态而置位的。因此,芯片设计者使 CPU 在响应中断时自动复位 IE0 或 IE1 就可撤除 $\overline{INT0}$ 或 $\overline{INT1}$ 上的中断请求,因为外部中断源在得到 CPU 的中断服务时是不可能再在 $\overline{INT0}$ 或 $\overline{INT1}$ 上产生负边沿而使中断标志位 IE0 或 IE1 置位的。

　　在电平触发方式下,外部中断标志 IE0 或 IE1 是依靠 CPU 检测 $\overline{INT0}$ 或 $\overline{INT1}$ 上低电平而置位的。尽管 CPU 响应中断时相应中断标志 IE0 或 IE1 能自动复位成“0”状态,但若外部中断源不能及时撤除它在 $\overline{INT0}$ 或 $\overline{INT1}$ 上的低电平,就会再次使已经变成“0”的中断标志 IE0 或 IE1 置位,这是绝对不能允许的。因此,电平触发型外部请求的撤除必须使 $\overline{INT0}$ 或 $\overline{INT1}$ 上低电平随着其中断被 CPU 响应而变成高电平。一种可供采用的电平型外部中断的撤除电路如图 8.5 所示。由图 8.5 可见,当外部中断源产生中断请求时,D 触发器 Q 端复位成“0”状态,Q 端的低电平被送到 $\overline{INT0}$ 端,该低电平被 CPU 检测到后就使中断标志 IE0 置 1。CPU 响应 $\overline{INT0}$ 上中断请求便可转入 $\overline{INT0}$ 中断服务程序执行, 故我们可以在中断服务程序开头安排如下程序来撤除 $\overline{INT0}$ 上的低电平:

```
INSVR:ANL  P₁,#0FEH
      ORL  P₁,#01H
      CLR  IE₀
```

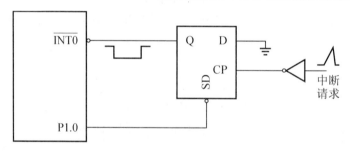

图 8.5　电平外部中断的撤除

　　CPU 执行上述程序就可在 P1.0 上产生一个宽度为二个机器周期的负脉冲。在该负脉冲作用下,D 触发器 Q 端被置位成“1”状态,$\overline{INT0}$ 上电平也因此而变高,从而撤除了其上的中断请求。

六、中断系统的初始化及应用

(一)中断系统的初始化

　　AT89C51 中断系统是可以通过 4 个与中断有关的特殊功能寄存器 TCON、SCON、IE 和 IP 进行统一管理的。中断系统初始化是指用户对这些特殊功能寄存器中的各控制位进行赋值。

　　中断系统初始化步骤如下。

　　(1) CPU 开中断或关中断。

　　(2) 某中断源中断请求的允许或禁止(屏蔽)。

(3) 设定所用中断的中断优先级。

(4) 若为外部中断，则应规定低电平还是负边沿的中断触发方式。

【例 8-2】请写出 $\overline{INT1}$ 为低电平触发的中断系统初始化程序。

解：(1) 采用位操作指令：

```
        SETB EA             ;CPU 开中断
        SETB EX1            ;开 INT1 中断
        SETB PX1            ;令 INT1 为高优先级
        CLR  IT1            ;令 INT1 为电平触发
```

(2) 采用字节型指令：

```
        MOV  IE,#84H        ;开 INT1 中断
        ORL  IP,#04H        ;令 INT1 为高优先级
        ANL  TCON,#0FBH     ;令 INT1 为电平触发
```

显然，采用位操作指令进行中断系统初始化比较简单，因为用户不必记住各控制位在寄存器中的确切位置，而控制名称比较容易记忆。

(二) 中断系统的应用

中断管理与控制程序一般包含在主程序中，根据需要通过几条指令来实现，例如，CPU 开中断，可用指令"SETB EA"或"ORL IE，#80H"来实现，关中断可用指令"CLR EA"，或"ANL IE，#7FH"来实现。

中断服务程序的一般格式如下：

```
        ORG  ADDRESS
        AJMP INTVS
        …
INTVS:  CLR  EA             ;关中断
        PUSH PSW            ;保护现场
        PUSH A
        …
        SETB EA             ;开中断,允许 CPU 响应高级中断
        …
  ┌────────┐
  │ 中断服务 │
  └────────┘
        …
        CLR  EA             ;关中断
        POP  A              ;恢复现场
        POP  PSW            ;
        …
        SETB EA             ;开中断
        RETI                ;中断返回
```

其中 ADDRESS 为 AT89C51 单片机的中断入口地址。INTVS 为与中断入口地址相应的中断服务程序首地址。

编写此程序应注意以下几点。

(1) 为了要跳到用户设计的中断服务程序，在相应入口地址安排一条跳转指令。

(2) 在中断服务程序的末尾安排一条返回指令 RETI。

(3) 由于在响应中断时，CPU 只自动保护断点，所以 CPU 的其他现场(如寄存器 A、B 状态，状态字 PSW，通用寄存器 R0、R1 等)的保护和恢复也必须由用户在中断服务程序中安排。

(4) 在此多级中断的中断服务程序中，保护现场之后的开中断(SETB EA)是为了允许有更高级中断打断此中断服务程序；恢复现场和保护现场之前的关中断(CLR EA)是为了保证在恢复和保护现场时，CPU 不响应新的中断请求，从而使现场数据不受到破坏或者造成混乱。

(5) 当把程序中保护现场之后的"SETB EA"和恢复现场之前的"CLR EA"删除，就是一个单级中断服务程序。

任务实施

一、任务实施分析

(一) 硬件电路

P1 口连接 8 个发光二极管，外部中断 INT1 接 S(P3.3 接 S)，作为中断申请信号，开机 8 个发光二极管从左到右逐一点亮，产生中断后，8 个发光管全亮、全灭，延时后，再循环，如图 8.6 所示。

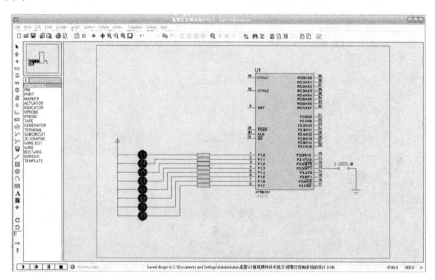

图 8.6 报警灯电路

(二) 软件设计

电路所使用的程序清单如下。

```
            ORG     0000H                   ;伪指令
            LJMP    START                   ;跳转到单片机的主程序
            ORG     0013H                   ;外部中断 1 的入口地址
            LJMP    EXT1                    ;跳转到中断服务程序
            ORG     0100H                   ;伪指令,单片机主程序的开始
    START:  MOV     IE , #10000100B
            MOV     IP , #00000100B
            MOV     TCON, #00000000B        ;定时器初始化
            MOV     SP, #40H
            MOV     P1, #0FFH
            MOV     P2, #00H
            MOV     P3, #0FFH               ;设置    P1、P2、P3 口状态
    LOOP:   MOV     A, #0FFH
            CLR     C
            MOV     R2, #08H
    LOOP1:  RLC     A
            MOV     P1, A
            LCALL   DELAY
            DJNZ    R2, LOOP1
            JMP     LOOP                    ;小灯循环点亮
    EXT1:   PUSH    ACC                     ;中断服务程序
            PUSH    PSW
            MOV     A, #00H                 ;小灯全亮
            MOV     R3, #0AH
    LOOP2:  MOV     P1, A
            LCALL   DELAY
            CPL     A
            DJNZ    R3, LOOP2
            POP     PSW
            POP     ACC
            RETI
    DELAY:  MOV     R5, #20                 ;延时程序
    D1:     MOV     R6, #20
    D2:     MOV     R7, #248
            DJNZ    R7, $
            DJNZ    R6, D2
            DJNZ    R5, D1
            RET
            END
```

二、任务实施步骤

请参阅本书任务六。

三、学习状态反馈

(1) 什么是中断和中断系统？其主要功能是什么？

(2) 什么是中断优先级？中断优先级处理的原则是什么？

(3) 有哪些中断源？如何对各中断请求进行控制？

(4) 简述单片机的中断响应过程。

(5) 怎样管理中断？怎样开放和禁止中断？怎样设置优先级？

(6) 在什么条件下可响应中断？

(7) 说明单片机响应中断后，中断服务的入口地址。

(8) 单片机外部中断源有几种触发中断请求的方法？如何实现中断请求？

四、提高

完成以下任务的设计与仿真调试。

使用一个按键控制如图 8.6 所示的流水灯，每按一次按键流水灯的流动方向改变一次，要求使用中断技术处理按键。

按键接在 P3.3，因此采用外部中断 1，中断申请从 $\overline{INT1}$ 输入。每按一次按键，产生一次中断，流水灯流动方向便改变一次。当开关 S 闭合时，发出中断请求。中断服务程序的向量地址为 0013H。

程序如下。

```
              ORG    0000H          ;定义下一条指令的地址
              LJMP   START          ;转向主程序
              ORG    0013H          ;安排外部中断 1 处理程序的第一条指令
              LJMP   KEYS           ;直接转移到中断处理程序
              ORG    0100H          ;主程序起点
      START:  MOV    SP, #40H       ;设置堆栈栈底指针
              SETB   IT1            ;设置外部中断 1 的中断方式为下降沿中断
              SETB   EX1            ;开放外部中断 1
              SETB   EA             ;开放总中断
              MOV    A, #01H        ;#01H 送累加器 A
      L1:     MOV    P1, A          ;累加器 A 中内容送 P1 口
              MOV    R7, #0FFH      ;延时
      L3:     MOV    R6, #0FFH
      L2:     DJNZ   R6, L2
              DJNZ   R7, L3
              JNB    FX, L4         ;FX=0 时转移到 L4(FX 是流水灯流动方向标志)
              RL     A              ;累加器 A 中内容左移一位
```

```
            SJMP     L5              ;转移至 L5
L4:         RR       A               ;累加器 A 中内容右移一位
L5:         SJMP     L1              ;转移至 L1
;================================================
;按键中断程序
;入口:外部中断 1
;功能:确认按键后改变方向标志 FX 的状态
            ORG      0200H           ;中断处理程序入口
KEYS:       MOV      R7, #20H        ;首先延时去抖
K1:         MOV      R6, #0FFH
            DJNZ     R6, $
            DJNZ     R7,K1
            JB       KEY ,K2         ;延时完成后再检测按键
            CPL      FX              ;确认按键按下,改变方向标志位状态
K2:         RETI                     ;中断结束返回
KEY         BIT      P3.3            ;定义按键变量
FX          BIT      00H             ;定义位变量,用于判断方向
            END                      ;结束
```

任务九　呼叫器的设计与仿真

任务要求

外部中断 INT0、INT1 分别接按键 KEY0、KEY1，作为中断申请信号。开机后 8 个发光二极管从左到右轮流点亮，有呼叫中断后，会显示呼叫者的号码，延时一定时间后，再循环。

相关知识

一、中断嵌套

向 CPU 提出中断请求的源称为中断源。微型计算机一般允许有多个中断源。当几个中断源同时向 CPU 发出中断请求时，CPU 应优先响应最需紧急处理的中断请求。为此，需要规定各个中断源的优先级，使 CPU 在多个中断源同时发出中断请求时能找到优先级最高的中断源，响应它的中断请求。在优先级高的中断请求处理完了以后，再响应优先级低的中断请求。

中断优先级只有高、低两级，所以在工作过程中必然会有两个或两个以上中断源处于同一中断优先级。若出现这种情况，内部中断系统对各中断源的处理遵循以下两条基本原则。

(1) 低优先级中断可以被高优先级中断所中断，反之不能。

(2) 一种中断(不管是什么优先级)一旦得到响应，与它同级的中断不能再中断它。

当 CPU 同时收到几个同一优先级的中断请求时，CPU 将按自然优先级顺序确定应该响应哪个中断请求。其自然优先级排列如下：

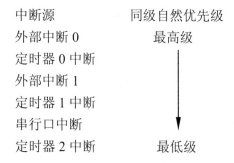

中断源	同级自然优先级
外部中断 0	最高级
定时器 0 中断	
外部中断 1	
定时器 1 中断	
串行口中断	
定时器 2 中断	最低级

二、外中断负边沿触发方式的特点

外部中断 $\overline{\text{INT}x}$ ($\overline{\text{INT0}}$ 和 $\overline{\text{INT1}}$)可以用程序控制为电平触发或负边沿触发(通过编程对定时器/计数器控制寄存器 TCON 中的 IT0 和 IT1 位进行清 0 或置 1)。

若 ITX＝1，则外部中断 $\overline{\text{INT}x}$ 由负边沿触发。在负边沿触发方式下，外部中断标志 IE0

或 IE1 是依靠 CPU 两次检测 $\overline{\text{INT0}}$ 或 $\overline{\text{INT1}}$ 上触发电平状态而置位的。因此，芯片设计者使 CPU 在响应中断时自动复位 IE0 或 IE1，就可撤除 $\overline{\text{INT0}}$ 或 $\overline{\text{INT1}}$ 上的中断请求。

任务实施

一、任务实施分析

(一) 硬件电路

P0 口连接 8 个发光二极管，外部中断 INT0、INT1 分别接 KEY0、KEY1，作为中断申请信号，开机后 P0 口 8 个发光二极管从左到右流水，产生中断后，P1 或 P2 口会显示请求中断者的号码，延时后，再循环，如图 9.1 所示。

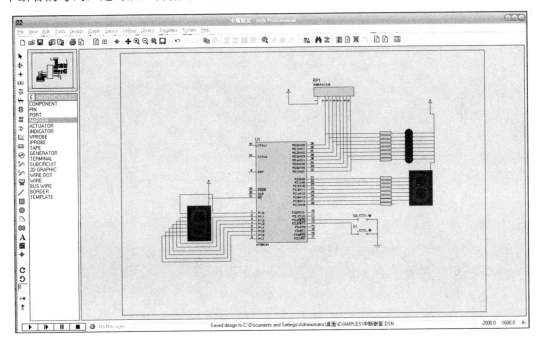

图 9.1　呼叫器硬件电路

(二) 软件设计

电路所使用的程序清单如下。

```
        ORG     0000H
        SJMP    START
        ORG     0003H           ;INT0 中断入口地址
        SJMP    INT0S           ;转 INT0 中断服务子程序
        ORG     0013H           ;INT1 中断入口地址
        SJMP    INT1S           ;转 INT1 中断服务子程序
        ORG     30H
START:  MOV     IE,#85H         ;INT0、INT1 开中断
```

```
           MOV      TCON,#5H        ;INT0、INT1 边沿触发方式
           MOV      A,#0FEH         ;P0 口输出初值
ST1:       MOV      P0,A            ;显示
           ACALL    DELAY           ;延时
           RL       A               ;改变输出数据
           SJMP     ST1             ;主程序循环
INT0S:     PUSH     ACC             ;INT0 口中断服务子程序,A 入堆栈
           MOV      R2,#0AH         ;计数器赋初值
LOOP:      MOV      P1,#0F9H        ;数码管显示 1
           ACALL    DELAY           ;延时
           MOV      P1,#0FFH        ;全暗
           ACALL    DELAY           ;延时
           DJNZ     R2,LOOP         ;循环 10 次
           POP      ACC             ;A 出堆栈
           RETI
INT1S:     PUSH     ACC             ;INT1 口中断服务子程序,A 入堆栈
           MOV      R2,#0AH         ;计数器赋初值
LOOP1:     MOV      P2,#0A4H        ;数码管显示 2
           ACALL    DELAY           ;延时
           MOV      P2,#0FFH        ;全暗
           ACALL    DELAY           ;延时
           DJNZ     R2,LOOP1        ;循环 10 次
           POP      ACC             ;A 出堆栈
           RETI
DELAY:     MOV      R6,#250         ;延时子程序
DL1:       MOV      R7,#250
DL2:       NOP
           NOP
           NOP
           DJNZ     R7,DL2
           DJNZ     R6,DL1
           RET
           END
```

分析以上代码，补充注释。

二、任务实施步骤

请参阅本书任务六。

按以下方式测试，并作出合理的解释。

(1) 先单击 S0，发生 $\overline{INT0}$ 中断，在 $\overline{INT0}$ 响应中断未返回时单击 S1，观察现象。

(2) 先单击 S1，发生 $\overline{INT1}$ 中断，在 $\overline{INT1}$ 响应中断未返回时单击 S0，观察现象。

(3) 说明 $\overline{INT0}$、$\overline{INT1}$ 的中断优先级。

三、学习状态反馈

(1) 画出以上程序流程图。

(2) 修改程序如下，增加了"SETB　　PX0"语句，按以下方式测试，并作出合理的解释。

① 先单击 S0，发生 $\overline{\text{INT0}}$ 中断，在 $\overline{\text{INT0}}$ 响应中断未返回时单击 S1，观察现象。

② 先单击 S1，发生 $\overline{\text{INT1}}$ 中断，在 $\overline{\text{INT1}}$ 响应中断未返回时单击 S0，观察现象。

③ 说明 $\overline{\text{INT0}}$、$\overline{\text{INT1}}$ 的中断优先级。

```
            ORG     00H
            SJMP    START
            ORG     03H
            SJMP    INT0S
            ORG     13H
            SJMP    INT1S
            ORG     30H
START:      MOV     IE,#85H
            MOV     TCON,#5H
            SETB    PX0
            MOV     A,#0FEH
ST1:        MOV     P0,A
            ACALL   DELAY
            RL      A
            SJMP    ST1
INT0S:      PUSH    ACC
            MOV     R2,#0AH
LOOP:       MOV     P1,#0F9H
            ACALL   DELAY
            MOV     P1,#0FFH
            ACALL   DELAY
            DJNZ    R2,LOOP
            POP     ACC
            RETI
INT1S:      PUSH    ACC
            MOV     R2,#0AH
LOOP1:      MOV     P2,#0A4H
            ACALL   DELAY
            MOV     P2,#0FFH
            ACALL   DELAY
            DJNZ    R2,LOOP1
            POP     ACC
            RETI
DELAY:      MOV     R6,#250
```

```
DL1:    MOV      R7,#250
DL2:    NOP
        NOP
        NOP
        DJNZ     R7,DL2
        DJNZ     R6,DL1
        RET
        END
```

(3) 将"SETB　　PX0"改为"SETB　　PX1",又会发生什么变化?

(4) S0、S1 改为一个开关控制,电路如图 9.2 所示,分析按下开关 S 后的现象,并作出合理解释。

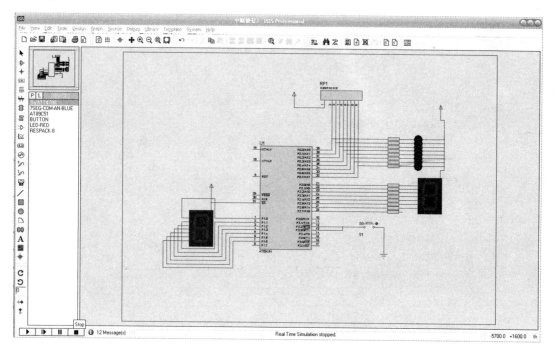

图 9.2　改为一个开关控制的呼叫器硬件电路

任务十 闪烁速度可控信号灯控制系统的设计

任务要求

8 个发光二极管全亮、全灭闪烁的速度由单片机的定时器控制。

相关知识

AT89C51 单片机内部有两个 16 位可编程的定时器/计数器，即定时器 T0 和定时器 T1。它们既可用做定时器方式，又可用做计数器方式，且都有 4 种工作方式可供选择。

一、AT89C51 定时器/计数器的结构与功能

图 10.1 是定时器/计数器的结构框图。由图 10.1 可知，定时器/计数器由定时器 0、定时器 1、定时器方式寄存器 TMOD 和定时器控制寄存器 TCON 组成。

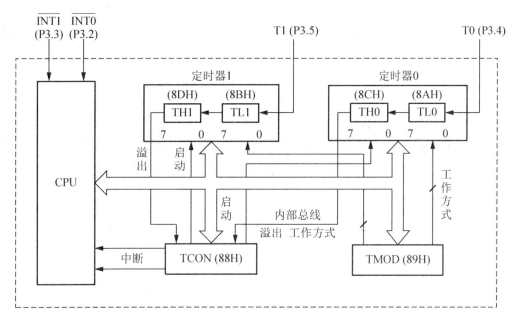

图 10.1　定时器/计数器结构框图

定时器 0 和定时器 1 是 16 位加法计数器，分别由两个 8 位专用寄存器组成，定时器 0 由 TH0 和 TL0 组成，定时器 1 由 TH1 和 TL1 组成。

TL0、TL1、TH0、TH1 的访问地址依次为 8AH~8DH，每个寄存器均可单独访问。定时器 0 或定时器 1 用做计数器时，对芯片引脚 T0(P3.4)或 T1(P3.5)上输入的脉冲计数，每输入一个脉冲，加法计数器加 1；其用做定时器时，对内部机器周期脉冲计数，由于机器

周期是定值，故计数值确定时，时间也随之确定。

TMOD、TCON 与定时器 0、定时器 1 间通过内部总线及逻辑电路连接，TMOD 用于设置定时器的工作方式，TCON 用于控制定时器的启动与停止。

1. 计数功能

计数方式时，T 的功能是计来自 T0(P3.4)T1(P3.5)的外部脉冲信号的个数。

输入脉冲由 1 变为 0 的下降沿时，计数器的值增加 1 直到回零产生溢出中断，表示计数已达预期个数。外部输入信号的下降沿将触发计数，识别一个从 1 到 0 的跳变需 2 个机器周期，所以，对外部输入信号最高的计数速率是晶振频率的 1/24。若晶振频率为 12MHz，则计数脉冲频率应低于 1/2MHz。当计数器满后，再来一个计数脉冲，计数器全部回 0，这就是溢出。

脉冲的计数长度与计数器预先装入的初值有关。初值越大，计数长度越小；初值越小，计数长度越大。最大计数长度为 65536(2^{16})个脉冲(初值为 0)。

2. 定时方式

定时方式时，T 记录单片机内部振荡器输出的脉冲(机器周期信号)个数。

每一个机器周期使 T0 或 T1 的计数器增加 1，直至计满回零自动产生溢出中断请求。

定时器的定时时间不仅与定时器的初值有关，而且还与系统的时钟频率有关。在机器周期一定的情况下，初值越大，定时时间越短；初值越小，定时时间越长。最长的定时时间为 65536(2^{16})个机器周期(初值为 0)。

二、AT89C51 定时器/计数器控制寄存器

与定时器/计数器有关的控制寄存器共有 4 个：TMOD、TCON、IE、IP。IE、IP 已在中断系统中介绍，这里不再赘述。

(一) 定时器/计数器控制寄存器 TCON

特殊功能寄存器 TCON 用于控制定时器的操作及对定时器中断的控制。其各位定义格式如表 10.1 所示。其中 D0~D3 位与外部中断有关，已在中断系统中介绍。

表 10.1 TCON 的格式

位序	D7	D6	D5	D4	D3	D2	D1	D0
位标志	TF1	TR1	TF0	TR0	IE1	IT1	IE0	IT0
位地址	8FH	8EH	8DH	8CH	8BH	8AH	89H	88H

TF0 和 TF1：定时器/计数器溢出标志位。当定时器/计数器 0(或定时器/计数器 1)溢出时，由硬件自动使 TF0(或 TF1)置 1，并向 CPU 申请中断。CPU 响应中断后，自动对 TF1 清 0。TF1 也可以用软件清 0。

TR0 和 TR1：定时器/计数起运行控制位。TR0(或 TR1)＝0，停止定时器/计数器 0(或

定时器/计数器 1)工作；TR0(或 TR1)＝1，启动定时器/计数器 0(或定时器/计数器 1)工作。

可由软件置 1(或清 0)来启动(或关闭)定时器/计数器，使定时器/计数器开始计数。用指令 SETB(或 CLR)使运行控制位置 1(或清 0)。

(二) 工作方式寄存器 TMOD

TMOD 用于控制定时器/计数器的工作方式。字节地址为 89H，不可位寻址，只能用字节设置其内容，其格式如表 10.2 所示。

表 10.2 TMOD 的格式

位序	定时器/计数器 1				定时器/计数器 0			
	D7	D6	D5	D4	D3	D2	D1	D0
位标志	GATE	C/$\overline{\text{T}}$	M1	M0	GATE	C/$\overline{\text{T}}$	M1	M0

其中，低 4 位用于 T0，高 4 位用于 T1。

GATE：门控位。GATE＝0，只要用软件使 TR0(或 TR1)置 1，就能启动定时器/计数器 0(或定时器/计数器 1)；GATE＝1，只有在 $\overline{\text{INT0}}$(或 $\overline{\text{INT1}}$)引脚为高电平的情况下，且由软件使 TR0(或 TR1)置 1 时，才能启动定时器/计数器 0(或定时器/计数器 1)工作。不管 GATE 处于什么状态，只要 TR0(或 TR1)＝0，定时器/计数器便停止工作。

C/$\overline{\text{T}}$：定时器/计数器工作方式选择位。C/$\overline{\text{T}}$＝0，为定时工作方式；C/$\overline{\text{T}}$＝1，为计数工作方式。

M0、M1：工作方式选择位，确定 4 种工作方式，如表 10.3 所示。

表 10.3 定时器/计数器工作方式选择

M1	M0	工作方式	功 能 说 明
0	0	1	13 位计数器
0	1	2	16 位计数器
1	0	3	自动再装入 8 位计数器
1	1	4	定时器 0 分成两个 8 位计数器，定时器 1 停止计数

【例 10-1】设置定时器 1 工作于方式 1，定时工作方式与外部中断无关，则 M1＝0，M0＝1，GATE＝0，因此，高 4 位应为 0001；定时器 0 未用，低 4 位可随意置数，但低两位不可为 11(因方式 3 时，定时器 1 停止计数)，一般将其设为 0000。因此，指令形式如下：

```
MOV   TMOD,#10H
```

三、AT89C51 定时器/计数器工作方式与程序设计

通过对特殊功能寄存器 TMOD 中的 M1、M0 两位的设置来选择 4 种工作方式，定时器/计数器 0、1 和 2 的工作方式相同，方式 3 的设置差别较大。

（一）工作方式 0

工作方式寄存器 TMOD 中的 M1、M0 为：00。定时器/计数器 T0 工作在方式 0 时，16 位计数器只用了 13 位，即 TH0 的高 8 位和 TL0 的低 5 位，组成一个 13 位定时器/计数器。当 TL0 的低 5 位计满溢出时，向 TH0 进位，TH0 溢出时，对中断标志位 TF0 置位，向 CPU 申请中断。定时器/计数器 0 方式 0 的逻辑结构如图 10.2 所示。

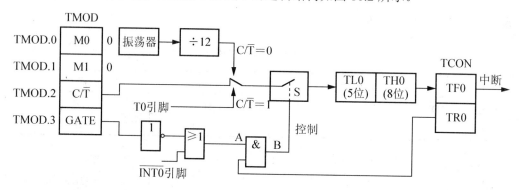

图 10.2　定时器/计数器 0 方式 0 的逻辑结构图

1. 工作在定时方式

$C/\overline{T}=0$，定时器对机器周期计数。定时器在工作前，应先对 13 位的计数器赋值，开始计数时，在初值的基础上进行减 1 计数。

定时时间的计算公式为

$$定时时间＝(2^{13}－计数初值)×晶振周期×12$$

或

$$定时时间＝(2^{13}－计数初值)×机器周期$$

若晶振频率为 12MHz，则最短定时时间为

$$[2^{13}－(2^{13}－1)]×(1/12)×10^{-6}×12＝1(μs)$$

最长定时时间为

$$(2^{13}－0)×(1/12)×10^{-6}×12＝8\,192(μs)$$

2. 工作在计数方式

$C/\overline{T}=1$，13 位计数器对外部输入信号进行加 1 计数。

利用 $\overline{INT0}$ 由 0 变为 1 时，开始计数，$\overline{INT0}$ 由 1 变为 0 时，停止计数，可以测量在 $\overline{INT0}$ 端出现的正脉冲的宽度。计数值的范围是 $1\sim2^{13}(8192)$ 个外部脉冲。

【例 10-2】假设 AT89C51 单片机晶振频率为 12MHz，要求定时时间 8ms，使用定时器 T0，工作方式 0，计算定时器初值 X。

解： 因为 $t=(2^{13}－X)×机器周期$，当单片机晶振频率为 12MHz 时，机器周期＝1μs，所以 $8×10^3＝(2^{13}－X)×1$，故 $X=8192－8000＝192$。转换成二进制数为 11000000B。

【例 10-3】假设 AT89C51 单片机晶振频率为 12MHz，所需定时时间为 250μs，当 T0 工作在方式 0 时 T0 计数器的初值是多少？

解：因为 $t=(2^{13}-X)\times$ 机器周期，当单片机晶振频率为 12MHz 时，机器周期＝1μs，所以 $250=(2^{13}-X_0)\times1$，故 $X_0=8192-250=7942$。转换成二进制数为 1111100000110B。

【例 10-4】利用 T0 方式 0 产生 1ms 的定时，在 P1.2 引脚上输出周期为 2ms 的方波。设单片机晶振频率 $f_{osc}=12MHz$。

解：

(1) 解题思路：要在 P1.2 引脚输出周期为 2ms 的方波，只要使 P1.2 每隔 1ms 取反一次即可。执行指令为 CPL　P1.2。

(2) 确定工作方式：方式 0　TMOD＝00H。

bit	D7	D6	D5	D4	D3	D2	D1	D0	
TMOD	GATE	C/T	M1	M0	GATE	C/T	M1	M0	(89H)

◀——　定时器 / 计数器 T1　——◀——　定时器 / 计数器 T0　——▶

$C/\overline{T}=0$：T0 为定时功能；(D2 位)。

GATE＝0，只要用软件使 TR0(或 TR1)置 1 就能启动定时器 T0(或 T1)。

M1M0＝00，工作方式 0。

所以 TMOD 的值为＝00H。

TMOD.4~TMOD.7 可取任意值，因 T1 不用，这里取 0 值。

使用"MOV　TMOD，#00H"即可设定 T0 的工作方式。

(3) 计算 1ms 定时时 T0 的初值。

机器周期：$T=1/f_{osc}\times12=1μs$；

计数个数：$X=1ms/1μs=1000$。

设 T0 的计数初值为 X_0，则 $X_0=(2^{13}-X)=8192-1000=7192D$。

转换成二进制数为：

11100000　11000B

高 8 位　低 5 位

将高 8 位 11100000＝0E0H 装入 TH0，将低 5 位 11000＝18H 装入 TL0。

bit	AFH	AEH	ADH	ACH	ABH	AAH	A9H	A8H	
IE	EA			ES	ET1	EX1	ET0	EX0	A8H
	1						1		

EA＝1，CPU 开放中断；

ET0＝1，允许 T0 中断；

(4) 编程

可采用中断和查询两种方式编写程序。

方法一：中断方式。

```
ORG        0000H
```

```
                SJMP      START              ;转主程序 MAIN
                ORG       000BH
                AJMP      IT0P               ;转 T0 中断服务程序 IT0P
                ORG       0100H
       START:   MOV       SP,#60H            ;设堆栈指针
                MOV       TMOD,#00H          ;设置 T0 为方式 0,定时
                MOV       TH0 , #0E0H        ;给定时器 T0 送初值
                MOV       TL0 , #18H
                SETB      EA                 ;CPU 开中断
                SETB      ET0                ;T0 允许中断
                SETB      TR0                ;启动 T0 定时
                SJMP      $                  ;等待中断
       IT0P:    ORG       0200H              ;T0 中断入口
                MOV       TH0,#0E0H          ;重新装入计数初值
                MOV       TL0,#18H
                CPL       P1.2               ;输出方波
                RETI                         ;中断返回  END
```

方法二：查询方式。

```
                ORG       0000H
                MOV       TMOD,#00H          ;设置 T0 为方式 0,定时
                MOV       TL0,#18H           ;送初值
                MOV       TH0,#0E0H
                SETB      TR0                ;启动 T0 定时
       LOOP:    JBC       TF0,NEXT           ;查询定时时间到否?
                SJMP      LOOP
       NEXT:    MOV TH0,#0E0H                ;重新装入计数初值
                MOV       TL0,#18H
                CPL       P1.2               ;输出方波
                SJMP      LOOP               ;重复循环
```

(二) 工作方式 1

工作方式寄存器 TMOD 中的 M1M0 为：01。定时器 T0 工作方式 1 与工作方式 0 类同，差别在于其中的计数器的位数。工作方式 1 以 16 位计数器参与计数。

定时器/计数器 0 方式 1 的逻辑结构如图 10.3 所示。

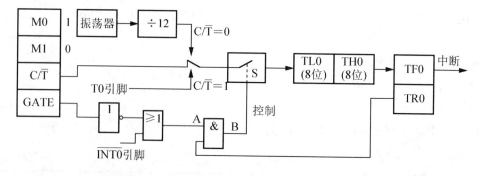

图 10.3　定时器/计数器 0 方式 1 的逻辑结构图

1. 工作在定时方式

$C/\overline{T}=0$，定时器对机器周期计数。定时时间的计算公式为

$$定时时间=(2^{16}-计数初值)\times 晶振周期 \times 12$$

或

$$定时时间=(2^{16}-计数初值)\times 机器周期$$

若晶振频率为 12MHz，则最短定时时间为

$$[2^{16}-(2^{16}-1)]\times(1/12)\times 10^{-6}\times 12=1(\mu s)$$

最长定时时间为

$$(2^{16}-0)\times(1/12)\times 10^{-6}\times 12=65\,536(\mu s)=65.5(ms)$$

2. 工作在计数方式

$C/\overline{T}=1$，16 位计数器对外部输入信号进行加 1 计数。计数值的范围是 $1\sim 2^{16}=65\,536($个$)$ 外部脉冲。

【例 10-5】 假设 AT89C51 单片机晶振频率为 12MHz，所需定时时间为 50ms，当 T0 工作在方式 1 时 T0 计数器的初值是多少？

解： 因为 $t=(2^{16}-X_0)\times$ 机器周期，当单片机晶振频率为 12MHz 时，机器周期 $=1\mu s$，所以 $50\times 10^3=(2^{13}-X_0)\times 1$，故 $X=65536-50000=15536$。

转换成二进制数为：0011110010110000B＝3CB0H。

【例 10-6】 假设 AT89C51 单片机晶振频率为 12MHz，T0 工作在方式 1 时，设计定时 1s 的程序。

解： 要实现 1s 的定时，先用 T0 做 50ms 的定时，然后循环 20 次即可实现。

```
        ORG     0000H
START:  MOV     R0,#14H
        MOV     TMOD,#01H
        MOV     TH0,#3CH
        MOV     TL0,#0B0H
        SETB    TR0
LOOP1:  JB      TF0,LOOP2
        SJMP    LOOP1
LOOP2:  CLR     TF0
TRET:   MOV     TH0,#3CH
        MOV     TL0,#0B0H
        DJNZ    R0,LOOP1
        CLR     TR0
        SJMP    $
        END
```

【例 10-7】 假设 AT89C51 单片机晶振频率为 12MHz，定时器 T0 的定时初值为 9800，计算 T0 工作在方式 1 时的定时时间。

解： 因为 $t=(2^{16}-X_0)\times$ 机器周期，当单片机晶振频率为 12MHz 时，机器周期＝1μs，所以 $t=(2^{16}-9800)\times1$，故 $t=65536-9800=55736$μs。

【例 10-8】用定时器 T0 产生 50Hz 的方波。由 P1.0 输出此方波(设时钟频率为 12MHz)。采用中断方式。

解： 50HZ 的方波周期 T 为 $T=1/50=20$(ms)。其波形图如图 10.4 所示。

20ms

图 10.4 例 10-8 波形图

可以用定时器产生 10ms 的定时，每隔 10ms 改变一次 P1.0 的电平，即可得到 50Hz 的方波。

定时器 T0 应工作在方式 1。

(1) 工作在方式 1 时的 T0 初值，根据下式计算：

$$t=(2^{16}-X)\times 机器周期$$

时钟频率为 12MHz，则机器周期＝1μs，故 $10\times10^3=(2^{16}-X)\times1$，解得 $X=65536-10000=55536$。

转换为二进制数：

11011000　11001100B

高 8 位　　低 8 位

高 8 位＝0D8H 装入 TH0，低 8 位＝0CCH 装入 TL0。

(2) 程序如下。

```
          ORG     0000H
          SJMP    START
          ORG     000BH          ;T0 的中断入口地址
          SJMP    T0INT
          ORG     0100H
  START:  MOV     TMOD , #01H    ;设置 T0 为工作方式 1
          MOV     TH0 , #0D8 H   ;装入定时器初值
          MOV     TL0 , #0CC H
          MOV     IE,#82H        ;CPU 开中断且设置 T0 允许中断
          SETB    TR0            ;启动 T0
          SJMP    $              ;等待中断
          ORG     0300H          ;中断服务程序
  T0INT:  CPL     P1.0           ;P1.0 取反
          MOV     TH0 , #0D8H    ;重新装入定时初值
          MOV     TL0 , #0CCH
          RETI
```

(三) 工作方式 2

定时器/计数器 0 方式 2 的逻辑结构如图 10.5 所示。

工作方式寄存器 TMOD 中的 M1M0 为：10。

定时器/计数器在工作方式 2 时，16 位的计数器分成了两个独立的 8 位计数器 TH 和 TL。此时，定时器/计数器构成了一个能重复置初值的 8 位计数器。

其中，TL 用做 8 位计数器，TH 用来保存计数的初值。每当 TL 计满溢出时，自动将 TH 的初值再次装入 TL。

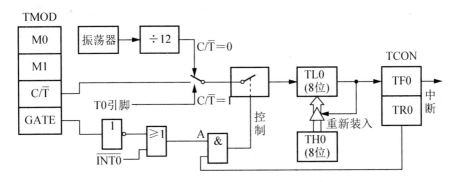

图 10.5　定时器/计数器 0 方式 2 的逻辑结构图

1．工作在定时方式

$C/\overline{T}=0$，定时器对机器周期计数。定时时间的计算公式为

$$定时时间＝(2^8－计数初值)\times 晶振周期\times 12$$

或

$$定时时间＝(2^8－计数初值)\times 机器周期$$

若晶振频率为 12MHz，则最短定时时间为

$$[2^8－(2^8－1)]\times(1/12)\times 10^{-6}\times 12＝1(\mu s)$$

最长定时时间为

$$(2^8－0)\times(1/12)\times 10^{-6}\times 12＝256(\mu s)$$

2．工作在计数方式

$C/\overline{T}=1$，8 位计数器对外部输入信号进行加 1 计数。计数值的范围是 $1\sim 2^8＝256$ （个）外部脉冲。

【例 10-9】利用 T0 方式 2 实现以下功能：

当 T0(P3.4)引脚每输入一个负脉冲时，使 P1.0 输出一个 500μs 的同步脉冲。设晶振频率为 6MHz，请编程实现该功能。其波形如图 10.6 所示。

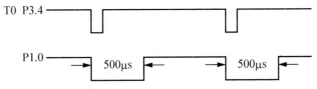

图 10.6　例 10-9 波形图

解：

(1) 确定工作方式。

首先选 T0 为方式 2，外部事件计数方式。当 P3.4 引脚上的电平发生负跳变时，T0 计数器加 1，溢出标志 TF0 置 1；然后改变 T0 为 500μs 定时工作方式，并使 P1.0 输出由 1 变为 0。T0 定时到产生溢出，使 P1.0 引脚恢复输出高电平。T0 先计数，后定时，分时操作。

根据题目要求方式控制字 TMOD 为

计数时：(TMOD)＝0000 0110B＝06H；

定时时：(TMOD)＝0000 0010B＝02H。

(2) 计算初值。

机器周期 $T=12/f_{osc}=12/6\text{MHz}=2(\mu s)$；

计数时：计数个数　$X=1$；

计数初值＝$(256-X)=(256-1)=255=0\text{FFH}$，(TH0)＝(TL0)＝0FFH；

定时时：计数个数　$X=T/Tm=500\mu s/2\mu s=250$；

定时初值＝$256-X=256-250=6$，(TH0)＝(TL0)＝06H。

(3) 编程方法。

采用查询方法，程序如下。

```
            ORG     0000H
    START:  MOV     TMOD,#06H       ;T0 方式 2,外部计数方式
            MOV     TH0,#0FFH       ;T0 计数初值
            MOV     TL0,#0FFH
            SETB    TR0             ;启动 T0 计数
    LOOP1:  JBC     TF0,PTF01       ;查询 T0 溢出标志,TF0=1 时转移,
                                     且 TF0=0(查 P3.4 负跳变)
            SJMP    LOOP1
    PTF01:  CLR TR0                 ;停止计数
            MOV     TMOD,#02H       ;T0 方式 2,定时
            MOV     TH0,#06H        ;T0 定时 500μs 初值
            MOV     TL0,#06H
            CLR     P1.0            ;P1.0 清 0
            SETB    TR0             ;启动定时 500μs
    LOOP2:  JBC     TF0,PTF02       ;查询溢出标志,定时到 TF0=1 转移,
                                     且 TF0=0(第一个 500μs 到否?)
            SJMP    LOOP2
    PTF02:  SETB    P1              ;P1.0 置 1(到了第一个 500μs)
            CLR     TR0             ;停止计数
            SJMP    START
```

(四) 工作方式 3

工作方式寄存器 TMOD 中的 M1M0 为：11。工作方式 3 仅对定时器/计数器 0 有效，

此时，将16位的计数器分为两个独立的8位计数器TH0和TL0。当定时器/计数器0工作在方式3时，定时器/计数器1只能工作在方式0~2，并且工作在不需要中断的场合。

在一般情况下，当定时器/计数器1用作串行口波特率发生器时，定时器/计数器0才设置为工作方式3。此时常把定时器/计数器1设置为方式2，用做波特率发生器。

定时器/计数器0在方式3下的逻辑结构如图10.7所示。

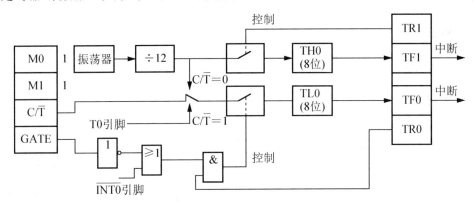

图10.7　定时器/计数器0方式3的逻辑结构图

【例10-10】设某用户系统中已使用了两个外部中断源，并置定时器T1工作在方式2，作串行口波特率发生器用。现要求再增加一个外部中断源，并由P1.0引脚输出一个5kHz的方波，$f_{osc}=12\text{MHz}$。

(1) 确定工作方式。

T0方式3下，TL0作计数用，而TH0可用作8位的定时器，定时控制P1.0引脚输出5kHz的方波信号。T1为方式2，定时。

TMOD是：0010 0111B＝27H。

(2) 计算初值。

TL0初值：FFH，TH0初值$X0$计算如下。

因为P1.0的方波频率为5kHz，故周期$T=1/(5\text{kHz})=0.2\text{ms}=200\mu s$。所以用TH0定时$100\mu s$时，$X0=256-100\times12/12=156$。

(3) 程序如下。

```
          MOV      TMOD,#27H        ;T0 为方式 3,计数;T1 为方式 2,定时
          MOV      TL0, #0FFH       ;置 TL0 计数初值
          MOV      TH0, #156        ;置 TH0 计数初值
          MOV      TH1, #data       ;data 是根据波特率要求设置的常数(即初值)
          MOV      TL1, #data
          MOV      TCON,#55H        ;外中断 0,外中断 1 边沿触发,启动 T0,T1
          MOV      IE,#9FH          ;开放全部中断

          TL0 溢出中断服务程序(由 000BH 转来)
TL0INT:   MOV      TL0,#0FFH        ;TL0 重赋初值(中断处理)
          RETI
```

```
              TH0 溢出中断服务程序(由 001BH 转来)
    TH0INT: MOV      TH0,#156          ;TH0 重新装入初值
            CPL      P1.0              ;输出波形
            RETI
```

任务实施

一、任务实施分析

(一) 硬件电路

硬件电路如图 10.8 所示。

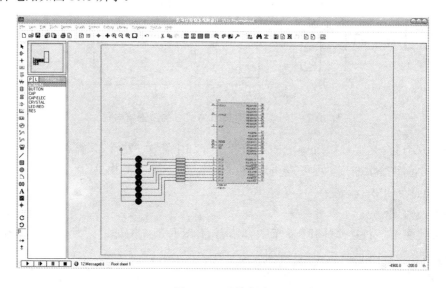

图 10.8   硬件电路

(二) 软件设计

电路所使用的程序清单如下。

```
            ORG    0000H
            AJMP   START
            ORG    000BH             ;定时器 0 的中断向量地址
            SJMP   T0F               ;转到定时器 0 的中断服务子程序
            ORG    0030H
    START:  MOV    R0,#14H           ;定时中断溢出计数器初值为 20
            MOV    TMOD,#01H         ;T0 工作于方式 1
            MOV    TH0,#3CH
            MOV    TL0,#0B0H         ;装入定时 50ms 的初值
            SETB   EA                ;开中断
            SETB   ET0               ;开 T0 允许
            SETB   TR0               ;T0 运行
```

```
           MOV   P1,#0FFH          ;关灯
           SJMP  $
    T0F:   DJNZ  R0,TRET           ;中断子程序
           MOV   A,P1
           CPL   A
           MOV   P1,A              ;灯闪烁
           MOV   R0,#14H
    TRET:  MOV   TH0,#3CH          ;重装初值
           MOV   TL0,#0B0H
           RETI
           END
```

二、任务实施步骤

请参阅本书任务六。

三、学习状态反馈

1. 画出以上程序流程图。
2. 若要改变闪烁速度，程序该如何修改？
3. 若要改为 LED 逐个点亮，程序该如何修改？
4. 设计输出周期为 600μs 的方波信号。

四、提高

秒表的设计与仿真。

(一) 硬件电路

硬件电路如图 10.9 所示。

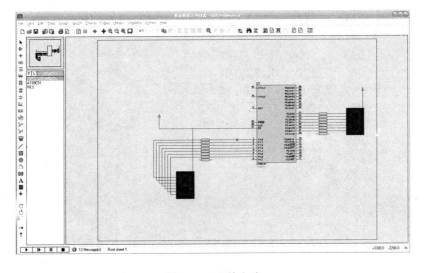

图 10.9　硬件电路

(二) 参考程序

电路所使用的程序清单如下。

```
              ORG    00H
              SJMP   START
              ORG    001BH
              SJMP   T1INT
              ORG    30H
     START:   MOV    R2,#00H
              MOV    R4,#00H
              MOV    IE,#88H
              MOV    TMOD,#10H
              MOV    TH1,#3CH
              MOV    TL1,#0B0H
              SETB   TR1
              ACALL  DISPLAY
              SJMP   $
     T1INT:   MOV    TH1,#3CH
              MOV    TL1,#0B0H
              INC    R4
              MOV    A,R4
              CJNE   A,#14H,T1INT1
              MOV    R4,#00H
              INC    R2
              MOV    A,R2
              CJNE   A,#3CH,T1INT0
              CLR    TR1
     T1INT0:  ACALL  DISPLAY
     T1INT1:  RETI
     SEG7:    INC    A
              MOVC   A,@A+PC
              RET
              DB     0C0H,0F9H,0A4H,0B0H
              DB     99H,92H,82H,0F8H
              DB     80H,90H,88H,83H
              DB     0C6H,0A1H,86H,8EH
     DISPLAY: MOV    A,R2
              MOV    B,#10
              DIV    AB
              ACALL  SEG7
              MOV    P1,A
              MOV    A,B
              ACALL  SEG7
              MOV    P2,A
              RET
              END
```

请注释以上指令，画出流程图，并说明该程序完成的功能。

(三) 仿真结果

仿真结果如图 10.10 所示。

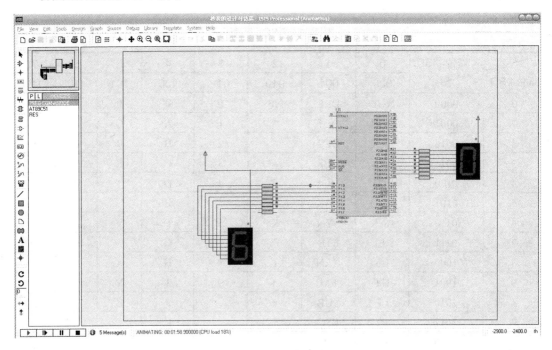

图 10.10　仿真结果

(四) 思考

1. 若要改变计数值，程序该如何修改？
2. 若要设计红绿灯倒计时秒表，程序又该如何修改？

附　　录

附表 1　ASCII 码表

低位 LSD		高位 MSD 0 000	1 001	2 010	3 011	4 100	5 101	6 110	7 111
0	0000	NUL	DLE	SP	0	@	P	`	p
1	0001	SOH	DC1	!	1	A	Q	a	q
2	0010	STX	DC2	"	2	B	R	b	r
3	0011	ETX	DC3	#	3	C	S	c	s
4	0100	EOT	DC4	$	4	D	T	d	t
5	0101	ENQ	NAK	%	5	E	U	e	u
6	0110	ACK	SYN	&	6	F	V	f	v
7	0111	BEL	ETB	'	7	G	W	g	w
8	1000	BS	CAN	(	8	H	X	h	x
9	1001	HT	EM	)	9	I	Y	i	y
A	1010	LF	SUB	*	:	J	Z	j	z
B	1011	VT	ESC	+	;	K	[	k	{
C	1100	FF	FS	,	<	L	\	l	|
D	1101	CR	GS	-	=	M	]	m	}
E	1110	SO	RS	.	>	N	^	n	~
F	1111	SI	US	/	?	O	_	o	DEL

附表 2　部分命令及其含义

命令	含义	命令	含义	命令	含义
NUL	空	VT	垂直制表	SYN	空转同步
SOH	标题开始	FF	走纸控制	ETB	信息组传送结束
STX	正文开始	CR	回车	CAN	作废
ETX	正文结束	SO	移位输出	EM	纸尽
EOY	传输结束	SI	移位输入	SUB	换置
ENQ	询问字符	DLE	空格	ESC	换码
ACK	承认	DC1	设备控制 1	FS	文字分隔符
BEL	报警	DC2	设备控制 2	GS	组分隔符
BS	退一格	DC3	设备控制 3	RS	记录分隔符
HT	横向列表	DC4	设备控制 4	US	单元分隔符
LF	换行	NAK	否定	DEL	删除

参 考 文 献

[1] 徐惠民，安德宁．单片微型计算机原理、接口及应用[M]．北京：北京邮电大学出版社，2007．

[2] 张靖武，周灵彬．单片机原理、应用与 PROTEUS 仿真[M]．北京：电子工业出版社，2008．

[3] 彭勇．单片机技术[M]．北京：电子工业出版社，2009．

[4] 朱清慧，张凤蕊等．Proteus 教程．北京：清华大学出版社，2008．

[5] 张永枫．单片机应用实训教程．北京：清华大学出版社，2008．